中国公民科学素质

U0682638

$E=MC^2$

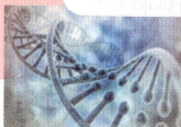

社区居民
科学素质读本

融媒体版（第2版）

中国公民科学素质系列读本编写组　编

科学普及出版社
·北　京·

图书在版编目（CIP）数据

社区居民科学素质读本：融媒体版 / 中国公民科学素质系列读本编写组编 .—2 版 .—北京：科学普及出版社，2016.10（2021.3 重印）
（中国公民科学素质系列读本）
ISBN 978-7-110-09467-9

Ⅰ.①社… Ⅱ.①中… Ⅲ.①社区 - 公民 - 素质教育 - 中国 - 问题解答 Ⅳ.① G322-44

中国版本图书馆 CIP 数据核字（2016）第 242113 号

策划编辑	郑洪炜
责任编辑	郑洪炜　牛　奕
封面设计	水长流文化
责任校对	刘洪岩　凌红霞
责任印制	马宇晨

出　　版	科学普及出版社
发　　行	中国科学技术出版社有限公司发行部
地　　址	北京市海淀区中关村南大街 16 号
邮　　编	100081
发行电话	010-62173865
传　　真	010-62173081
投稿电话	010-63581070
网　　址	http://www.cspbooks.com.cn

开　　本	787mm×1092mm　1/32
字　　数	67 千字
印　　张	4.875
版　　次	2016 年 10 月第 2 版
印　　次	2021 年 3 月第 9 次印刷
印　　刷	北京盛通印刷股份有限公司
书　　号	ISBN 978-7-110-09467-9/G・3956
定　　价	28.00 元

（凡购买本社图书，如有缺页、倒页、脱页者，本社发行部负责调换）

本书指导委员会

杨建荣　褚君浩　杨秉辉　王智勇

本书编写组

（按姓氏笔画排序）

卞毓麟　方鸿辉　白庚和　杨先碧　何继红

张　晶　陈敬铨　周昭德　洪星范　富　晔

韩鹤松　蔡康非　熊仕华

参与撰写专家

（按姓氏笔画排序）

万维钢　王令朝　邓　泓　叶永烈　朱钦士

任咏夏　刘旦初　李武英　吴人坚　邱维元

何泽尚　张承慈　俞善贤　姜奇平　高建国

谈宏淦　谈祥柏　猛　犸　谢　兰

在 2006 年国务院颁发的《全民科学素质行动计划纲要（2006—2010—2020 年）》文件中指出："提高公民科学素质，对于增强公民获取和运用科技知识的能力、改善生活质量、实现全面发展，对于提高国家自主创新能力，建设创新型国家，实现经济社会全面协调可持续发展，构建社会主义和谐社会，都具有十分重要的意义。"如今，随着创新驱动发展战略的深入实施，科学技术普及工作的重要性日益凸显。

社区是广大公众日常生活之地，因此必定是科普工作的重要阵地，加强社区科普工作，提高公众科学素质，能够有效地增强经济社会发展的内在动力，也是促成社区居民形成讲科学、讲文明的健康生活方式的重要渠道。

有鉴于此，本书编写组按照"十三五"全民科学素质工作目标，结合公民科学素质调查工作，以《全民科学素质学习大纲》为指导，编写了这本《社区居民科学素质读本》。用以向社区居民普及科学知识、科学方法、科学思想和科学精神，在社区居民中宣传科学发展观，普及节约资源、保护环境、健康生活等方面的知识，增强社区居民应用科学知识解决问题、应对突发事件等的能力，以达成提升社区居民科学素质的目标。

全书包括 6 大部分，60 余篇。皆属社区居民迫切需要了解的内容，不但读来通俗易懂，而且实用。并有插图数十幅，更使书中内容生动活泼。

我得缘先睹，甚以为快。此书涉及科技内容之面甚广，故我虽亦属科技人员之列，但作为社区居民的一员，阅读此书，亦觉获益良多，相信各位读者读后必有同感。

如今一些科普图书大多只着重于科学知识的介绍。介绍科学知识固属重要，但科学方法、科学思想和科学精神的普及，其实是更重要之事。几十年来我国发展文化教育成绩斐然，公众的科学知识也在随之增长。我曾对比我国公众对医学知识的了解，发现至少远胜于周边国家和地区的公众，但在科学方法、科学思想和科学精神的普及方面就未必占优了，不然何以在我国所谓"神医"层出不穷？我想便是一例。我注意到本书在介绍科学知识的同时，对这一方面亦有充分关注和阐述，是令人十分欣慰之事。

当然，限于篇幅，我觉得读后有意犹未尽之感。我想，提高公众的科学素质应是一项长期的、需要持之以恒的工作，就为此目的编写读本而言，当非此一书能够包括全部所需内容，故甚盼还有此书的第二册、第三册、第四册，以至更多的册数出版，则必能更好地为社区居民科学素质建设和发展奠定坚实的基础。

本书是一本根据《全民科学素质行动计划纲要》的总体精神，结合时代发展要求和社区居民自身发展需求编制的居民科学素质读本，将为有关部门开展科学普及和相关的教育培训工作提供学习读本和参考教材，为深入推进"社区居民科学素质行动计划"的实施，实现到2020年，我国公民具备基本科学素质的比例达到10%的奋斗目标发挥重要的作用。

在本书即将出版之时，在卷首略缀数语，阐述我对此书的认识，并借此机会，对此书策划者和编写者的社会责任感和务实精神，表示由衷的敬意。

复旦大学上海医学院教授　杨秉辉
2015 年 7 月

目录 Contents

生命与健康

物质与能量

工程与技术

科技与社会

全民科学素质学习大纲结构导图

科学观念与方法
- 科学理念
- 科学观念
- 科学规范
- 科学方法

数学与信息
- 数与形
- 符号与推理
- 恒定与变化
- 不确定性
- 计算与信息

生命与健康
- 生物多样性
- 分子与细胞
- 遗传与进化
- 稳态与控制
- 生物与环境
- 疾病防控与健康
- 生物技术与工程

物质与能量
- 身边的物质
- 物质的构成
- 运动与相互作用
- 能与能源

工程与技术
- 民生科技热点
- 大型科技工程
- 前沿高新技术
- 现代制造技术

地球与环境
- 宇宙中的地球
- 地球系统
- 地球和人类活动

科技与社会
- 科学技术与人类文明
- 科学技术及其社会运行
- 科学技术与社会发展
- 提升公民科学素质

能力与发展
- 能力
- 科学探究的过程与重要环节
- 技术设计的过程与重要环节
- 工程实施的过程与重要环节
- 科学决策的过程与方法

1 为什么要保护生物多样性

在地球上，生活着大小不同、形态各异、难以计数的动物、植物、微生物，生物学家把那些具有相同基因组又能交配产生正常后代的生物称为一个物种。地球上的动物、植物、微生物都包含有多种多样的物种，这就叫**物种多样性**。

在同一物种中的不同个体，也会出现这样、那样的不同，例如猫就有波斯猫、短毛猫、折耳猫等品种。同一物种内多种多样的个体是由多种多样的遗传结构引起的，遗传结构的五花八门就称为**遗传多样性**。

地球上的生物都在特定的环境下生活，那些在森林里、草原上、湖泊中共同生活的多种生物就是群落，而它们与周围的无机环境如水、日光等构成一个个独特的生态系统，这就是生态系统多样性。

生物多样性通常指物种多样性、遗传多样性和生态系统多样性。

在各种各样的生态系统中，都包括四个基本组成成分，即无机环境、植物、动物和微生物。每个生态系统中共同生活的生物之间依靠食物链相互联系。正是植物利用光合作用从太阳获取能量，开启地球上的能量转换和物质循环。动物则都要靠摄取食物获得生命活动所需的营养物质和能量。微生物可以将复杂的有机物分解为简单的有机物或无机物，并从中取得自身需要的物质和能量。它们被称为大自然的"美容师"，假如没有它们，地球上将充满生物的遗骸，生命将无法持续发展。

各种各样的物种为人类提供了丰富的食物、纤维和能量，以及种类齐全的药材、充足的工业原料。多种多样的生物也是旅游和娱乐的重要资源。随着人类在地球上的活动，很多物种的生存受到了威胁，而物种种类的减少会导致生态失衡，威胁人类的生存。因此，保护生物多样性对人类的可持续发展有着不可低估的作用。

2 为什么要提防外来物种入侵

本应生活在巴西的食人鱼出现在美国，本应待在意大利的巨型红蟑螂却出现在非洲。如果某天你的身边也大量出现了陌生的动植物，不用惊讶，因为外来物种的入侵已经遍及全球。

伴随着活跃的经济活动和频繁的国际交往，一些物种由原生存地借助人为作用或其他途径，移居到另一个新的生存环境并大规模繁殖，这些物种被称为外来物种。外来物种如果对当地环境产生危害，那么它们就会被认为是入侵物种。

全世界每年因外来物种造成的损失超过1000亿美元。截至2013年，确定入侵我国的外来有害生物达到544种，其中危害严重的100多种。

水葫芦是一个比较典型的外来入侵物种，我国每年用于治理水葫芦灾害的费用高达数亿元。

有的外来物种是旅客或船只无意之中带来的，但是有的外来物种是犯罪分子或者恐怖分子有意带来的。外来物种的入侵正消耗着各国大量人力和财力，各国纷纷出台补救措施，例如立法规范蓄意引入外来物种的行为、建立外来物种监察机构等。

当然，我们在警惕外来物种危害的同时，也没有必要将外来物种妖魔化。从古至今，人类一直有意无意地将不同的物种带到世界各个角落。你也许没有意识到，许多我们司空见惯的物种实际上是外来物种，例如我们餐桌上常见的辣椒、玉米就是从南美洲引进的。

知识链接

外来物种的三种危害

外来物种入侵的危害主要体现在以下三个方面：

（1）造成农林产品、产值和品质的下降，增加了成本。

（2）对生物多样性造成影响，特别是侵占了本地物种的生存空间，造成本地物种死亡和濒危。

（3）对人畜健康和贸易造成影响。

为什么说地球生命在不断进化

自然界现有 500 万～1000 万种生物。这么多的生物是从哪里来的？科学家的解释是：这些生物是进化来的。人类的起源是生物进化的很好例证。几百万年前，地球上并没有人类。化石证据表明，现代人类是由非洲的古猿一步一步进化来的。

在 30 多亿年前的地球上出现的最早的原始生命，经过不断进化而衍生出数百万种生物。也就是说，世界上所有生物的祖先，无论是现存的还是那些已经灭绝的，都是来源于一个共同的祖先，而且现在的生物还在不断进化之中。

生命进化是基因变异和自然选择共同作用的结果。生物在

进化过程中会出现各种各样的基因变异，使得同一物种不同个体的生存方式和繁殖方式有所不同。当环境发生改变，便会产生自然选择的作用，让那些适应环境变化的基因变异个体能够存活下来，那些不适应环境的个体或物种则被淘汰。这就是英国科学家达尔文的进化论的主要观点：物竞天择，适者生存。

自然选择能使有利于生存与繁殖的遗传性状变得更为普遍，并使有害的性状变得更稀有。这是因为带有较有利性状的个体，能将相同的性状转移给更多的后代。希望繁衍出更多的后代，就是生命进化的重要动力。

前沿拓展 ▶

生物进化的分类

一般认为，生物进化分为渐进式和跳跃式两种。渐进式进化指一个物种经过漫长的过程，通过一些过渡性类型逐渐变成另外一个物种。跳跃式进化指新物种的形成是在地球演化史上可以忽略不计的短时间（比如几百万年）内完成的。

跳跃式进化往往是爆发式的，可以同时进化出数以万计的新物种。从地球几十亿年的历史来看，跳跃式进化是间歇性发生的，是瞬间完成的，且在相当长的时间内保持稳定。

4 基因分好坏吗

　　人的基因数量只有几万个，远没有想象的多。随着"人类基因组计划"的完成，我们已经得到了人体全部基因的密码，这些密码构成了每个人生命的"蓝本"，和人的生老病死息息相关。通过解读这些密码，科学家发现它们中至少 99.9% 的内容是一样的，而那剩下的 0.1% 的不同决定了人们在外貌、体质、性格等各个方面的不一样。科学家一直想分析出人与人之间的差异到底在什么地方：为什么有的人天资聪颖？为什么有的人生来就体格强健？为什么有的人适合在热带生活？为什么有的人容易得癌症？为什么有的人对某些药物不敏感？当为每个人建立起个人基因档案的时候，就能够从中为这些问题找到答案了。

　　基因能够对人的众多可观察到的特征构成影响，也是人们存在个体差异的基础。那么，基因有好坏之分吗？事实上，"好"和"坏"的定义是相对的，在不同的情况下甚至可以互相转换，某些情况下的"好"基因在另一种情况下就可能成为"坏"基因。例如，某海岛上的残翅昆虫因为体内存在残翅基因，故其翅膀发育异常，导致飞行功能丧失。但也正因为如此，残翅昆虫比正常翅昆虫更易存活，因为它们不会飞，故不会受海风的影响。在人类基因组中也存在这样的例子。

虽然基因的好坏之分在一定程度上体现为相应性状对环境的适应性，但从人的价值判断看，某些疾病是和某些基因密切相关的。比如，非洲黑人容易患的镰状细胞贫血就是由一个特定基因引起的，这个基因被称作致病基因。带有这种致病基因的人，血红蛋白会发生异常，进而使红细胞发生扭曲，呈镰刀状，这样的红细胞十分僵硬、变形性差，容易遭到破坏而发生碎裂。镰状细胞贫血十分凶险，50% 的患者会在 5 岁前死亡。如果能在母亲怀孕的时候就检测出胎儿是否携带了这样的致病基因，就能够有效防止这样的患儿出生，这对于家庭和整个社会来说都是极大的福音。

"转基因"是怎么一回事

1974 年，科学家将抗青霉素基因转到大肠杆菌体内，揭开了转基因技术应用的序幕。转基因细菌的问世，让人类看到了利用转基因技术培育生物新品种的光明前景。

自 1996 年首例转基因农作物（转基因西红柿）产业化种植以来，全球转基因技术研究与产业应用快速发展。目前，转基因技术已广泛

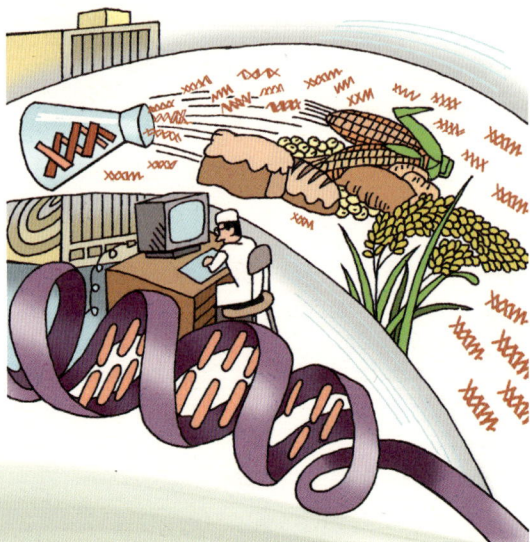

应用于医药、工业、农业、环保、能源、新材料等领域，其中最受关注的是转基因食品。以转基因生物为直接食品，或将其作为原料加工生产的食品，以及喂养转基因家畜得到的衍生食品，在广义上都可以称为转基因食品。

在所有行业中，应用转基因技术最多的是农业。如今，发达国家纷纷把发展转基因技术作为增强农业国际竞争力的战略重点，发展中国家也积极跟进。目前种植较多的转基因农作物主要有大豆、玉米、棉花和油菜，它们通过转基因技术获得的主要特性是抗除草剂、抗虫、抗病。

知识链接

什么是基因和转基因

基因是控制生物性状的基本遗传单位，基因不但能控制生物体的特征，还能将这种决定特征的信息稳定地遗传给后代。

转基因指有目的地把一个物种的一个或几个DNA片段转移到另一个物种细胞中的过程。如果一个DNA片段被转移进另一个物种后仍能发挥其原有的作用，得到具有预期功能的新物种，就表明这次转基因操作成功了。

干细胞到底有什么用

当下，不少人为了给孩子未来健康留一份"保险"，在生下宝宝时就储存了脐带血。这是因为脐带血中含有可以重建人体造血和免疫系统的造血干细胞，可用于治疗80多种疾病。

干细胞具有再生各种组织器官和人体的潜在功能，有"万用细胞"之称。干细胞的用途非常广泛，涉及医学的多个领域，在现实中的应用最重要的是器官移植。

干细胞库

干细胞 ——

除了利用患者储存的脐带血干细胞外，科学家现在已经能够利用患者身体的普通细胞制造出干细胞，这被称为人造干细胞。科学家期望以人造干细胞为"种

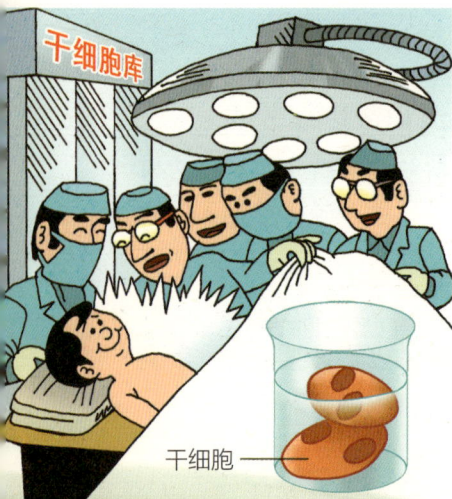

子"，培育出人体的组织或器官。这样的培育周期短，而且移植到患者身上后，相当于复制了一个自己的器官。如果这样的人造器官未来能够进入临床应用，与移植他人的器官相比，移植自身细胞培育的器官不会出现较大的排异反应。

干细胞还有望代替出现病变或已坏死的细胞，激活人体自身的自愈功能，增加正常细胞的数量，提高细胞的活性，改善细胞的质量，防止和延缓细胞的病变，恢复细胞的正常生理功能，从而达到疾病康复、对抗衰老的目的。比如，用干细胞疗法治疗肺气肿、肝炎、肾病、脑瘫等疾病。

知识链接

体细胞和干细胞的区别

生物体内的细胞分为体细胞和干细胞。体细胞是一种成熟定型的细胞，不能再发育成其他细胞；干细胞是一种不成熟未定型的细胞，可以发育成其他细胞。比如，骨髓中就有一种造血干细胞，可以分化成多种血细胞。

7 靠克隆技术能复制爱因斯坦吗

爱因斯坦去世以后，他的身体被火化，大脑被科研机构保存了下来。大脑中的细胞，无论是神经细胞还是胶质细胞，都是体细胞。如果这些细胞还完好无损，是不是能用它们制造全能干细胞，再用全能干细胞无性繁殖出一个爱因斯坦呢？这个爱因斯坦和一个多世纪以前出生的爱因斯坦是否一模一样呢？

遗憾的是，以目前人类的科学技术水平，这是做不到的。原因就在于，爱因斯坦之所以成为爱因斯坦，不仅有先天（遗传）的因素，也有后天的因素。即使我们能通过无性繁殖得到爱因斯坦的身体，但是却无法复制爱因斯坦的成长经历和由此带来的精神活动。

遗传因素无疑是重要的，它能决定我们人体

的性状，比如肤色、血型、容貌、身高，以及患各种病的概率等。那遗传因素会不会也影响人的精神活动的特性，如性格、脾气、反应速度，以及在某些方面（如音乐、运动、数学、绘画等）的天赋呢？答案应该是肯定的。

但是遗传因素只能搭建一个精神活动的"最初平台"，它本身并不能提供任何外来的信息。这就像一台刚刚组装好的计算机，有了硬件和软件，但是还没有任何数据输入。不管计算机处理信息的能力有多强，如果没有信息可以"加工"，也生产不出任何"产品"，也就没有任何精神活动的产物。

由于每个人每天的经历不同，输入的信号不同，脑中所建立的联系也不同，这就把人与人区别开来了。假如真有一天爱因斯坦的身体能够被复制，由于这个替身出生后的经历和原来的爱因斯坦不一样，即使他在逻辑思考方面有过人之处，也不一定会对物理学感兴趣。爱因斯坦的兴趣爱好、思想观念、科学知识、研究计划等，都已随着他的去世而灰飞烟灭了，新的替身不可能在爱因斯坦真身的知识基础上继续进行研究。所以在精神活动方面，我们不能寄希望于已经逝去的巨人，而只能依靠现在活着的人，靠我们自己的努力。

8 为何要倡导中国居民平衡膳食宝塔

　　人体所需的营养素大都来自食物，而每种食物的营养素各不相同。动物性食物富含脂肪和蛋白质，谷类、薯类含有丰富的糖类，蔬菜、水果含有大量的维生素、矿物质、膳食纤维等。所以，任何一种食物含有的营养素都不全面，人们必须吃多种食物，讲究平衡膳食，才能满足人体对营养的需要。

　　平衡膳食指所含营养素种类齐全、数量充足、比例适当，所提供的能量和营养素与人体需要相一致的膳食。为了帮助人们合理、有效搭配食物，使平衡膳食更具有可操作性，我国的营养学家根据营养学原理和中国居民的膳食结构特点，设计出了"中国居民平衡膳食宝塔"。它把平衡膳食的原则转化成各类食物的重量，并以形象、直观的宝塔形式表现出来，既利于人们理解，又便于实际应用。

　　平衡膳食宝塔分五层，包含了我们每天应吃的主要食物种类。宝塔各层位置和容积的不同，也反映出各类食物在膳食中的地位和应占比例。谷类、薯类、杂豆等主食和水位居底层，每天应吃250～400克此类主食，喝1200毫升水；蔬菜类和水果类占据第二层，每天分别应吃300～500克和200～400克；畜禽肉类、鱼虾类和蛋类等动物性食物位于第三层，每天分别应吃50～75克、50～100克和25～50克；奶类及奶制品、大豆类及坚果位于第四层，每天分别应吃300克和30～50克；油脂类和盐在第五层塔尖，每天分别应吃25～30克和6克。

平衡膳食宝塔是一个比较理想的膳食模式。虽然它所建议的食物量，尤其是奶类及奶制品、大豆类及坚果的量，与当前大多数人的消费量存在一定差距，但为了改善国民的膳食营养状态，却是不可或缺的。

油25～30克
盐6克

奶类及奶制品300克
大豆类及坚果30～50克

畜禽肉类50～75克
鱼虾类50～100克
蛋类25～50克

蔬菜类300～500克
水果类200～400克

谷类薯类及
杂豆250～400克

水1200毫升

当然，每天对各类食物吃多少量，还要根据个人年龄、性别、身高、体重、劳动强度、健康状况等来确定和调整，在生活中只有随机应变，才能把平衡膳食的健康生活方式落在实处。

9 选购安全食品有哪些技巧

民以食为天，食以安为先。这里所说的"安"，当然是指"安全"。食品种类达数千种之多，有层出不穷的新品种食品，也有花样百出的假冒伪劣食品。假冒伪劣食品大多是不安全的，每个消费者都应该掌握一些基本的技巧，以选购到安全食品。

市场上供应的传统食品，大多已销售了几十年甚至上百年，它们具有的色、香、味、形，早为大家所熟悉。例如，腐竹、馒头通常是本白色，如果颜色特别白，就有可能被吊白块增白过。相对而言，连锁超市、大卖场和大食品商店，都有一套比较规范的管理制度，有专人负责食品安全工作；这里还是国家食监部门的工作重点，会定期有人去督促检查；在环境、冷藏设施和操作规范等方面，条件相对也比较好；顾客流量大，周转期比较短，确保食品很新鲜等。这些无一不有利于食品安全。

我们不论是在菜场、超市里买菜，还是在路边小摊上买菜，别忘了先用鼻子闻一下，看看是否有农药等异味。相同品种的蔬菜、水果，不要挑选超大的。科学家已证实，超大的蔬菜、水果中钙、镁、钾、锌等矿物质，含量会被稀释，无论从实际营养价值角度还是从经济角度来讲，并不及小的划算。

大多数大厂、名厂采用先进的生产设备和管理模式进行食品生产，大大消除了人为的不安全因素，一般也不会主动使用违法禁用的食品原料和添加剂，所以食品安全较有保证。"三无"食品和散装食品，既不知道是哪家厂生产的，又不知道它在生产、储存、销售过程中是否受到污染，也就使食品安全没有了保障。

此外，要看清标签。即使在购买包装食品时，也应仔细看清标签上的品名、厂名、地址、主要成分、生产日期、保质期等内容。同时别忘了索要发票，防患于未然。

到正规商店购买食品

看清标签

拒绝"三无"食品

美味熟食

10 为什么不能禁止食品添加剂

三聚氰胺、塑化剂等非法食品添加物的出现，令人们对所有的食品添加物都产生了恐慌，人们购买食品时开始查看包装袋上的成分表，认为其中添加剂种类越少越好。这正是非法食品添加物对整个食品行业伤害的结果之一。其实，造成食品安全事件的绝大多数是非法食品添加物，而不是食品添加剂。

按照科学的定义，食品添加剂指为改善食品品质和色香味以及为防腐和加工工艺需要而加入食品中的化学合成物或天然物质。也就是说，食品添加剂都是按照法规合法加入的，其中不包括非法食品添加物。

食品添加剂之所以伴随着食品工业发展而被广泛应用，主要原因是食品添加剂在提高食品的质量、改善食

品的风味、促进食品工艺的改革创新、加快食品的机械化或自动化生产等方面都发挥着不可替代的作用。

如果把防腐剂取消，还有多少东西能在货架上保存？如果没有小苏打，馒头就不会那么松软可口。如果不允许添加色素，那市场上销售的产品都是暗淡的，糖果肯定也不是现在的颜色。

当然，合法的食品添加剂并不意味着在食品中可以随便添加，它们的添加有一定的范围，超过范围添加就是违法；在合理范围内添加也要适量，超量添加也是违法。食品添加剂毕竟不是食品的天然成分，在一定范围内使用一定剂量虽对人无害，但如果不加限制地使用，就有可能使食用者出现中毒症状。

知识链接

食品添加剂的种类

按照我国《食品添加剂使用卫生标准》，食品添加剂可分为防腐剂、凝固剂、品质改良剂、增味剂、营养强化剂等22类1500多种。目前，近97%的食品中使用各类添加剂。全世界食品添加剂品种有25000多种，常用的添加剂品种有5000多种。

11 光喝蒸馏水好不好

　　有一种被广泛接受的说法是：蒸馏水是最干净的水。其实，别以为蒸馏水很神秘。厨房里，开水壶在"嘶嘶"地叫着，从壶盖上不断地往下滴着水珠，这水珠就是蒸馏水。再广一点讲，温暖的太阳把成千上万吨的水蒸发为云，遇冷后落下的雨滴也算是蒸馏水。不过，普通的雨水不干净，这是因为在下落的一路上，雨滴"招兵买马"——溶解了许多气体，吸收了许多灰尘、细菌，重新又变脏了。在实验室，人们用专门的冷凝装置来收集水蒸气，可以得到很纯净的蒸馏水。

　　蒸馏水为什么那样干净呢？这是因为在水沸腾时，只有水蒸气跑了出去，蒸发掉了，而灰尘、矿物质、细菌这些脏东西只能在锅里干着急，它们不会蒸发，只好老老实实地留下来。

　　所以，当你用冷凝管把水蒸气冷凝成水时，这水中就没有那些脏东西了。不过，通过这种办法得到的蒸馏水只能说是相对"干净"。在化学实验室里，常常要把所得的蒸馏水重新再蒸馏一次、两次，甚至七次、八次。有时还不放心，还得用离子交换柱再提纯，制得几乎没有任何杂质的水——离子交换水。

"既然蒸馏水那么干净，那我天天喝蒸馏水好了。"也许，你会这么想。其实，正如天天吃白米饭并不健康一样，长期喝蒸馏水也是不卫生的。把米碾成白米，失去了米糠中宝贵的维生素B；蒸馏水因为太纯净，所以失去了普通水所含有的矿物质。而维生素和矿物质都是人体所必需的。

喝什么水最好呢？喝开水！因为在开水中，大部分细菌被杀死了，而那些宝贵的矿物质依然存在，对人体有利无弊。当然，也有的地方水质受到污染，不干净，人们就在蒸馏水里加了矿物质，做成人造矿泉水，作为饮用水。也可以用蒸馏水作为饮用水，同时吃些含有矿物质的菜肴。

开水

蒸馏水

23

12 反复加热过的油为什么不宜食用

　　反复加热过的油，就是人们常提到的"老油"。诸如炸油条、炸薯条的油，如果不及时更换，那就成了酱油般颜色的老油。

　　老油不宜食用，是因为食用油在反复加热的过程中，发生了一系列化学变化，产生了许多不利于人体健康的化合物。

　　食用油的化学成分，主要是甘油三酯。甘油三酯水解后变成甘油（约10%）和脂肪酸（约90%）。

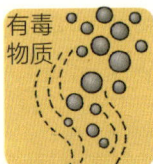

有毒物质

氧化反应

食用油酸败变质

水解反应

反式脂肪酸

异构化反应

食用油不宜反复加热

24

知识链接

怎样识别地沟油

识别地沟油有五种方法：一是看，地沟油往往混浊，有沉淀；二是闻，地沟油会有异味；三是尝，地沟油常有酸味；四是听，把油滴在纸条上，点燃之后如果发出"吱吱"声，说明油中有水分，是地沟油；五是问，向商家问进货渠道，检查包装、商标是否正规。

在油炸时，食用油的温度升到 180 ~ 200℃，在高温之下，食用油就会发生"劣变"：

一是发生氧化反应。产生许多挥发性物质，包括饱和与不饱和醛酮类、多环芳烃等，其中很多是挥发性有毒物质。特别是存在于油烟中的丙烯醛，是肺癌的诱发物之一。

二是发生水解反应。煎炸食品在高温中释放出水分，促使食用油水解，产生脂肪酸，使食用油很快就酸败变质。

三是发生异构化反应。在高温下，食用油中顺式脂肪酸异构化为反式脂肪酸。反式脂肪酸进入人体，会导致肥胖、心脏病、糖尿病、阿尔茨海默病等慢性病。

正因为这样，反复加热过的老油不宜再用，更不能食用。

13 体检究竟是查疾病还是查健康

近年来，在我国经济较为发达的地区，随着生活水平的提高和健康意识的增强，人们开始接受体格检查了，甚至还成为每年的常规动作。单位由工会出面组织体检，员工都踊跃参加；退休人员一年一次体检，被视为一种福利；自费体检、安排父母体检、全家一起体检的情况，也在日益增多。

需求就是市场。于是，各级医院纷纷划拨用房和设备，调兵遣将，体检中心应运而生；一些民营资本也闻风而动，招兵买马，建立体检机构，甚至还形成全国连锁。体检中心和体检机构是"八仙过海，各显神通"，竞争非常激烈。前者以医学力量和名气称雄，后者以服务态度和广告宣传取胜。虽然体检充满了商业味，但从医学的角度来看，如今疾病谱发生了变化，许多慢性非传染性疾病由于起病隐匿，等到出现症状，病人往往已经有了大麻烦。早期发现为早期诊断和早期治疗创造了条件，这也是体检产业飞速发展的真正原因。

但是，在不少人的心目中，以及在许多检查项目的设计上，往往把体检的立足点局限于查查有什么病上，而很少去关注疾病以外的健康问题。事实上，疾病有成千上万种，仅靠区区几个或十几个检查项目，是不可能查全的。再说没病不等于就健康，世界卫生组织早已明确指出："健康是躯体上、精神上及社会适应上的良好状态，而不仅仅是没病或虚弱。"

如今医学上已经提出"健康管理"的概念，体检也必须有所发展，才能真正满足健康管理的需要。现在体检已被称为健康检查，可谓顺应潮流。其目的在于查出健康隐患，而不仅仅是查出几种病。从治病到关注健康，是人们健康意识的提高和健康观念的进步。所以，无论是体检中心、体检机构还是受检人员，都应该有"从查疾病到查健康"意识的转变，只有这样才能真正达到保障健康的目的。

为什么睡眠对健康生存是非常重要的

　　我们的身体经过一天的劳累之后，被消耗的营养物质须补充，积累下的代谢物要清除，而这项任务主要靠睡眠来完成。通过充足的睡眠，人体各系统、器官和组织恢复或修复了功能，才有足够的体力和精力投入到第二天的生活和工作中去。

　　一天 24 小时，睡眠 8 小时，占去了 1/3。睡眠是自然界赐予人类最聪明、最完美的保健方法。我们要维持身体的健康，就必须使睡眠和觉醒交相更替，以取得平衡。这种自然平衡一旦被打破，导致睡眠不足，则在白天清醒的时间里，身体无法完全恢复，人会感到没精打采、极度疲劳、记忆力下降、注意力不集中等。长此以往，人

就失去了抵御疾病的第一道防线，使生存和健康受到威胁。

有专家研究发现，皮肤主要是在夜间进行修整的，夜里细胞分裂速度是白天的 2 倍；凌晨1 点是皮肤细胞生长最旺盛的时候，如果我们通宵达旦地看电视、玩电脑、打游戏，体内生长激素分泌大大减少。睡得太晚不行，起得太早也不好。凡是在凌晨 3 点起床的人，第二天的免疫力便下降，血液中对人体有保护作用的免疫细胞会减少 1/3，从而增加患癌的危险。长此以往，人体免疫系统因睡眠减少而被破坏，使患感冒、肺炎等疾病的风险大大增加。

要守住抵御疾病的第一道防线，办法很简单：听从生物钟的安排，按时上床睡觉！当然，睡眠时间是随着年龄变化而变化的，年龄越小，睡眠时间越长，睡眠次数越多；反之，年龄越大，睡眠时间越短，睡眠次数越少。不过，决定睡眠是否充足，还有质的要求。只要符合以下标准，就说明睡眠质量高：入睡快，10 分钟左右能入睡；睡眠深，呼吸深长，不易惊醒；不起夜或很少起夜，无惊梦现象，醒后能很快忘记梦境；起床快，起床后精神好；白天头脑清醒，工作效率高，不困倦。

为什么吸烟者易患冠心病

医学研究证实，引起冠心病的主要危险因素有年龄、性别、家族病史、脂代谢紊乱、吸烟、糖尿病、高血压、肥胖等。在这些因素中，有些是我们不能改变的，比如性别、家族病史；有些是我们通过调整生活方式可以改变的，比如吸烟、脂代谢紊乱、肥胖等。其中，吸烟的危害性仅次于脂代谢紊乱，而排在糖尿病、高血压和肥胖的前面，且容易消除。

我国现有吸烟人数3.5亿，差不多占到全球吸烟人数的1/3，而我国遭受被动吸烟危害的人数是5.4亿。也就是说，我们要么是一位吸烟者，要么是一位被动吸烟者，长期"分享"着家人、

同事、朋友的二手烟。"吸烟可能导致肺癌"的观点，已为大多数人所接受，而"吸烟者易患冠心病"的论断，却仅被少数人所知晓。有研究表明，吸烟者患冠心病的可能性比不吸烟者至少多2倍，每天吸烟支数越多风险越大。在我国吸烟者的死亡原因中，冠心病仅排在慢性阻塞性肺病和肺癌之后，名列第三。而在国外，死于冠心病的吸烟者比死于肺癌的还要多。

烟民也好，被动吸烟者也罢，吸烟可以通过多种方式引起冠心病，比如会影响血管的舒张功能，会促进血小板凝聚而容易形成血栓等。有研究表明，冠心病患者如果戒烟，病死率可以降低36%；如果通过服药来降低胆固醇，纠正脂代谢紊乱，病死率仅降低23%。由此可见，冠心病患者想降低病死率，最好的方法就是戒烟。戒烟1年内，患冠心病的风险即可降低50%；戒烟5年内，患中风的风险可降低到与不吸烟者相似的水平；戒烟15年内，患冠心病的风险可以最终降低到与不吸烟者相似的水平。

防治冠心病，首先当然是不要吸烟，如果已有吸烟嗜好，则应从戒烟开始。为了自己和家人的健康，请拒绝吸第一口烟，或者熄灭手上的香烟！

16 为什么降压药不能吃吃停停

有些人服用降压药很不规律，想起来就吃一两次，忘记了便停一两天。殊不知这样吃吃停停，可能会引起严重的后果。

原来，高血压并不可怕，可怕的是由它引起的一些并发症。早期高血压病人仅表现为心排血量增加和全身小动脉张力增高，动脉并没有受到明显的损害。如果这时没有很好地控制血压，任高血压长期发展，就会导致和加重心、脑、肾等重要器官的动脉硬化。若病人同时还伴有高血脂和糖尿病，往往会使动脉发生粥样硬化、血管腔狭窄、血流量减少、功能衰竭，发生冠心病、高血压性心脏病、心肌梗死、肾功能衰竭、中风等。有调查显示，高血压病到了后期，高达70%的病人会诱发中风，20%合并心脏疾病，10%演化为肾脏疾病。这些疾病不是致残就是致命，十分凶险，故有人称高血压为"隐形杀手"。

高血压病人一般经不同日数次测量血压，凡

血压 ≥ 18.7/12.0 千帕（140/90 毫米汞柱），就需要用药治疗；如果病人同时有肥胖、高血脂、糖尿病或痛风等，则血压 ≥ 18.0/11.3 千帕（135/85 毫米汞柱），即要接受治疗。病人一旦确认要服药，就得终身服药。因为90%以上的原发性高血压病因不明，迄今还无法根治，只能终身服药。服用降压药，可使血压保持在正常范围内，是预防高血压引起的并发症的有效办法。

不过，在服药降压的同时，使血压保持稳定也很重要。因为血压不稳定，同样可导致和加重动脉硬化，造成重要器官损害。因此，在经济条件许可的情况下，应当提倡使用长效制剂，最好服用能维持时间较长的降压药，以保证24小时内平稳降压。减少血压波动，就是对动脉最好的保护，就是对重要器官最好的保护。

血压波动损害重要器官

血压

按时服药

为什么滥用抗生素的后果如此可怕

自青霉素诞生以来，抗生素挽救了成千上万人的生命，在维护人类健康上可谓功高居伟。但是，抗生素也是最容易被滥用的药物。滥用，包括超时、超量、不对症、不规范使用等。滥用抗生素的可怕后果，是"成就"了致病菌的耐药性。

原来，久经抗生素考验后，部分致病菌会发生变异，成为耐药菌株。耐药菌具有耐药性，会使原来有效的抗生素效果变差或无效。这种耐药性会被其他致病菌获得，也会遗传给下一代。近年来，有些国家和地区已经出现了对几乎所有抗生素耐药的超级致病菌，如果我们再不采取行动，人类又将陷于面对感染性疾病束手无策的悲惨境地。

抗生素用得过多、过滥、过久，还会大量杀死人体内的正常细

菌，让条件致病菌乘虚而入，导致二重感染，严重威胁病人的健康和生命。例如，正常人体肠道细菌是按一定比例组合的，有的细菌是帮助消化的，有的则是寄生菌，各种细菌之间相互制约、相互依存，并形成一种生态平衡。长期使用广谱抗生素后，敏感细菌被抑制或杀灭，不敏感的细菌会大量繁殖，从而破坏了生态平衡，引起肠道菌群失调，使身体抵抗力下降。一些本来不致病的寄生菌也变成了致病菌，引起新的感染，使病情恶化。

为了抵御滥用抗生素的危害，我们应该采取哪些行动呢？

一是不随意买药。虽然大多数抗生素是处方药，需要凭医生处方才能购买，但有些药房存在管理上的漏洞，购买并不困难。

二是不自行选药。到医院看病，是否需要使用抗生素或使用哪种抗生素，应该医生说了算，病人不可根据广告要求开药或输液。

三是不盲目服药。家庭药箱里储备的抗生素，需要咨询医生后才能使用，不能盲目乱用。

四是不随便停药。一旦需要使用抗生素，病人必须严格遵照医嘱，按时按量按疗程服药，不能随意停药或换药。

18 癌症会传染或遗传吗

好莱坞明星安吉丽娜·朱莉不仅有靓丽的外形和一流的演技，更有挑战癌症的决心和勇气。

原来，朱莉拥有癌症家族病史，家族中有 3 位女性死于癌症，她母亲患有乳腺癌，并最终死于卵巢癌。由于遗传等原因，朱莉被检查出带有 BRCA1 基因缺陷，意味着她有 87% 和 50% 的概率罹患乳腺癌和卵巢癌。朱莉决定依靠医学手段来降低患癌风险，于 2013 年接受了预防性乳腺切除。2015 年 3 月，朱莉在做体检时，发现某些血液指标有所升高，医生认为可能是早期癌症的信号。虽然在进一步检查中并没有发现特别的异常，但朱莉还是及时地切除了卵巢和输卵管，以防重蹈她母亲的覆辙。

BRCA1 基因缺陷是基因突变的结果。这种基因突变属于常染色体显性遗传，只要父母有一方为病人，其子女患同一疾病的机会相等，往往在连续几代的家庭成员中发现患有同一种疾病。所幸基因突变并不多见，因基因缺陷而引起癌症的更是罕见。某些癌症或许存在遗传倾向，但癌症不是典型的遗传疾病。像朱莉这种情况很少见，她做的预防性切除，也只是为了降低患乳腺癌和卵巢癌的风险。

那么，癌症会不会传染呢？在医学上，至今未把癌症当传染病看待。全世界所有的医院，都没有对癌症病人进行隔离，癌症也从未像传染病那样，在同一地区、同一时期内大规模地发病。由此可见，癌症不传染。

在生活中，我们确实也看到，有时一个家庭中同时或先后有几个人患癌症，这种情况多见于肝癌和大肠癌。肝癌往往从乙肝发展而来，而乙肝具有传染性；家庭成员中不止一人罹患大肠癌，则可能是同一家庭中的成员，在饮食习惯、生活方式上相近导致的。

肝癌

肝炎

传染

怎样跳广场舞才更有利于健康

　　每当夜幕降临，吃过晚饭的大妈们成群结队，聚集在社区空地或休闲广场，在节奏明快的音乐声中，整齐划一地跳起舞蹈。这就是闻名遐迩的中国大妈广场舞，它不仅已红遍大江南北，而且还走出国门，令世界瞩目。

　　在我国城镇，大妈们居住的老社区环境较差。随着年龄的增大，医疗上的需求增多，精神上的压力也增大。广场舞不但能强身健体，还可为大家提供社交的场所和机会。于是，广场舞越来越受到大妈们的青睐，甚至还吸引来不少大爷，它已经变成了一项国民健身运动。广场舞属于有氧运动，虽然强度低，但持续时间长，参与者必须注意一些细节，才更有利于健康。

　　先要弄清自己的身体状况是否适合跳广场舞，或者适合跳什么节奏的广场舞。因为跳广场舞的时候，音乐声往往都比较大，实际上也是一种噪声。人处在噪声环境中，血脂、血糖和血压都会增高，故糖尿病病人和有严重的高血压、心脏病者，不推荐跳广场舞。

广场舞也是一种全身运动，腿脚的活动频率较高，因此，建议大家穿软底防滑鞋，不要穿硬底鞋，切忌穿拖鞋。硬底鞋没有缓冲作用，跳舞时会对关节、心脏、大脑等形成冲击力，容易损伤这些组织器官；穿拖鞋跳舞有摔倒的危险，容易造成骨折。

在时间和地点上也有讲究。清晨活动不宜太早，当以太阳出来为好，下午以4～6时为佳。如果选择晚上，应在吃过晚饭1小时后进行。遇到雾霾天气，要等雾霾散去或暂停活动。场地以就近为好，不提倡跨社区；马路边灰尘和汽车尾气多，并不适合当运动场所，最好选择视野开阔、空气新鲜的地方。每场活动宜控制在60分钟以内，其中，前10分钟用来做热身运动，后10分钟用于做整理运动，而跳舞时间限制在40分钟，强度以轻度出汗或脉搏120～140次/分为宜。

20

为什么地球会成为生命的乐园

在地球上，高原、海洋、沙漠、极地……无处不是生命活动的舞台。那么，地球为何能成为生命的乐园呢？

因为地球具备有利于生命存在和繁衍的种种条件。地球的主要能源来自太阳，而太阳恰好是一颗合适的恒星。如果太阳的温度太低，那就不足以为周围的行星提供足够的能量；如果太阳的温度太高，那么它辐射的能量就会集中在紫外、甚至X射线波段，而这些高能辐射却很容易将生命置于死地。而且，太阳已经稳定地发光发热达50亿年之久，为生命起源和演化的漫长过程提供了充分的能源保障。

地球是一颗质量大小适中的行星，它的引力正好可以拽住大气、维持海洋。像水星那样质量太小的行星，就会因引力太弱而无法留住大气和液态水。而像木星那样质量太大的行星，又会成为一颗全然没有固体表面的气态行星。这两种情形，对于生命的存在都极为不利。

地球与太阳的距离恰到好处，使地球上有足够多的液态水。液态水是极好的溶剂，能溶解多种化学物质，进行生命所需的各种化学反应。地球生命最初就起源于大海，现今也有大量生物在水中生活，而且生命体本身就包含水分，新陈代谢过程也都离不开液态水。

最后，地球拥有生命所必需的各种化学元素，最主要的如碳、氢、氧、氮、磷等。

具备上述部分条件的行星或许并不少，但要满足所有这些条件却非常不易。因此，人们常说，地球真是好幸运啊！

前沿拓展

系外行星

在太阳系外，其他恒星周围的行星统称为系外行星，如今已发现几千个。2015 年 7 月，美国航空航天局宣布找到一颗与地球高度相似的系外行星开普勒 452b，其直径为地球的 1.6 倍，公转周期接近地球上的一年。它同母恒星的距离与日地距离相仿，而其母恒星又与太阳颇为相似。开普勒 452b 因此而被夸张地称为"第二地球"。

21

空间天气预报有什么用

太阳，日复一日，年复一年，总是那么光辉灿烂。其实，我们肉眼看到的只是太阳大气的底层，即光球层。光球层往外是太阳大气的色球层，那里物质稀薄，发出的光很微弱，通常无法直接看到。再往外，就是物质更加稀薄的太阳外层大气日冕了。

太阳上也有变化多端的景象，甚至猛烈的爆发，它们统称为太阳活动。太阳活动最显著的特征是出现成群的黑子。黑子是太阳光球上温度比较低的区域，因此显得较暗。太阳黑子数目的多寡，表征着太阳活动的盛衰强弱。总的说来，黑子数的变化周期大致是11年，这就叫作太阳活动周。

太阳活动的内容十分丰富，除黑子外，还有太阳耀斑、日冕物质抛射、各种射电爆发和X射线爆发等。太阳上的剧烈活动，会通过各种方式影响地球及其周围空间的物理状态。由太阳活动引起的日地空间环境条件的短时间变化，称为空间天气。灾害性空间天气会造成多种严重后果，例如损坏人造卫星上的仪器和太阳能电池板；威胁航天员的安全；造成地磁暴和电离层暴，从而严重影响导航和通信；强大的感应电流还可能损坏输电

一个大耀斑总能量＝10万次火山爆发

线路和设备；甚至影响地球的气候和人的健康等。

为预防这类危害，包括中国在内的不少国家都已对空间天气进行深入的研究，并开展监测、预警和空间天气预报业务。

知识链接

太阳耀斑

太阳耀斑是最剧烈的太阳活动，经常出现在大黑子或黑子群上空的色球层中。它们的寿命虽然不过几分钟到几小时，释放的能量却极为可观。一个大耀斑的总能量可与10万次火山爆发或上千万个氢弹爆炸相匹敌，可以辐射出从无线电波直至伽马射线的各种波长的强烈电磁波，并抛射出包括电子、质子、重离子等的大量高能粒子。

22

极端天气为什么越来越多了

天气和气候仅一字之差，意思却大不相同。**天气**指短时间内的大气状态及其变化，例如"上海今日 18 ～ 25℃，多云转阴"等。**气候**表征较长时间内天气的平均状况和变化特征，例如"北京 7 月平均气温为 26.7℃，月平均降水量为 160.1 毫米"等。天气和气候都有正常和异常之分。气候正常指气候的变化接近于多年的平均状况，气候异常则指气候变化显著偏离了平均状况。

一定地区在一定时间内出现的历史上罕见的气象事件，称为极端天气气候事件。世界气象组织规定，某个气象要素（如温度、降雨、日照等）达到 25 年一遇时才称为极端气候，包括极端高温、极端低温、极端干旱、极端降水等，它们发生的概率通常都很小。例如，2013 年 2 月 5 日北京的最高气温达 16.0℃，为 1840 年有气象资料以来历史同期最高纪录；同年 7 月初，美国多地连续数日最高气温超过 46℃，加州"死亡谷"

地区气温竟高达53.3℃！

气候异常是由气候系统的变化引起的。地球大气圈、水圈、岩石圈、生物圈等圈层始终在相互影

地球大气环流示意

响，大气圈则是其中变化最快的部分，是气候系统的中心。当某个地方的大气环流出现异常时，也会导致另一个地方出现异常。引起气候系统变化的原因，可分为自然的气候波动和人类活动的影响两大类。前者如太阳辐射的变化、火山爆发等；后者如燃烧化石燃料导致大气中温室气体浓度增加等。

2007年联合国政府间气候变化专门委员会公布的评估报告表明，在过去50年中，随着全球气候变暖，极端天气事件，特别是强降雨、高温热浪等极端事件，呈现不断增多增强的趋势，预计今后此类事件的出现还将更加频繁。

23

地震可以准确预报吗

全球地震带分布示意

板块运动造成地震

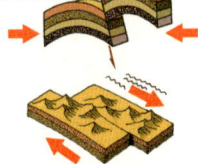

地震仪

人类记载地震现象已经好几千年了，但直至20世纪初才对地震有了比较深入的了解。科学家开始组建全球地震台网，经过多年研究终于发现，全球地震主要分布在三大区域，即环太平洋地区、地中海–喜马拉雅山以及大洋中脊。也就是说，地震大多发生在地球相邻板块的交界处。此外还有一些其他类型的地震，如火山地震、核试验地震等，但它们通常属于弱震。

地球上每年发生约500万次地震，其中绝大多数都在3级以下，人们感觉不到。另外，即使有的地震震级较大，但在离地震中心较远的地方，地面震动并不强烈，也就不会有明显的震感。因此，研究地震必须借助灵敏度很高的地震仪。比如一本书掉到地上，地震仪也会记下一个明显的地震波信号。如有一座大楼突然倒塌，造成的震级大约是 2 级。

1976 年的唐山大地震是 7.8 级，相当于几千颗原子弹爆炸释放的能量。可见单纯从能量的角度考虑，人类活动是很难诱发大地震的。但是在某些情况下，这种可能性依然存在。例如水库蓄水改变了对库底岩石的压力，有可能引起库区或邻区地震活动增加。不过，全世界建成的 1 万多座水库中，曾诱发地震的还不到 1%。

地震是地下能量快速释放的过程。地震后，地下的岩石又会重新调整，重新积蓄能量。这些过程异常复杂，因此地震的发生既不是毫无规律却又相当随机，要准确预报就非常困难，各国科学家还在不断探索。

地震突发时，在室内可躲到厨房、浴室等开间小、不易塌的地方。要注意切断电源和气源，避开玻璃窗、吊灯等危险物，用身边能找到的衣物、枕头等护住头部。

24 暴雨时该如何保证驾车安全

现在，汽车已经成为很多居民的出行工具，可一些驾驶员在面对暴雨这种城市中常见的灾害性天气时，经常手足无措。那么，在暴雨来临时，驾车人应如何正确应对呢？

雨天开车要降低车速！

首先，出行前应检查车灯、刮水器等容易被忽略却又在雨中可以发挥重要作用的部件。其次，在雨中驾车时要主动预防危险发生，如果前面已经有车涉水，要提防因前车故障，造成自己在水中进退两难。在积水区行驶时，应用低速挡，尽可能不停车、不换挡。如果水太深，就不宜驾驶。

如果在暴风雨天气中车辆刚好行驶在高速公路上，应首先把速度降低。千万不可在高速公路

48

上随意停车避雨，使后面的车辆发生撞车。在暴雨中行驶要打开车灯，勤按喇叭，以告知他人。

不慎发生车辆在积水中熄火时，不要连续长时间打火，这样会损坏发动机和电瓶，而应把车推离积水点，等待专业救援人员来救援。如果车熄火后停在较深的积水中，切记不要重新启动发动机。在一般情况下，汽车被水淹没后，空气滤芯有可能进水。发动机吸水后，会造成火花塞淹死，无法点火，有可能造成自己被困在车中的危险场景。正确的办法是：在车辆电路还没有断电前迅速打开车窗或天窗。然后，将车推到浅水区并联系拖车等待救援。

有时车只是在低洼处不慎熄火，在驾车人反复尝试打火的时候，暴雨却使得水位越来越高。在这种情况下，车主要在第一时间解开安全带，弃车逃生。因为车在刚进入深水区时，由于水位在车门下部，车门还可以打开。等到水位上涨车门被淹后，外部的水压明显大于车内的空气压，将导致车门无法打开，危险就会降临。当然，此时还有呼救和自救的办法，那就是及时打开中控锁，便于他人从外部实施救援。还可以用车中的利器敲碎侧面的车窗玻璃，从车窗逃生。

25

雷电喜欢选择哪些人

一天，在市郊森林公园一片空旷的花田里，一群园丁正低头为田里含苞待放的月季花除草。突然间，天上乌云滚滚、电闪雷鸣，瓢泼大雨倾泻而下。劳作的园丁纷纷快速跑向花房躲雨，只有王师傅年龄比较大，加上腿脚不好，只好一个人扛着锄头跟在后面。眼看就要到花房了，突然一道亮光闪在他的锄头尖上，只听到"咔嚓"一声，他被雷电击倒在地。

雷电为什么要选择击打王师傅呢？这是因为王师傅在郊外旷野里，与周围比较是最高点，也就是尖端位置，而且他高扛的锄头又是金属导电体，雷电就喜欢选择自然界中高耸尖端的物体击打。

由此我们可以得知，当我们在野外遇到雷雨

天时，不要撑雨伞，也不要扛着铁锹、锄头或任何金属杆物体，这些东西会成为引导雷击的"帮凶"。基于同样的道理，我们也不要靠近铁塔、烟囱、电线杆、大树等高大物体，不要接触任何金属的东西，像电线、钢管、铁轨等导电的物体。

想要避开雷击，应该迅速找寻一块地势低的地方蹲下，同时两脚并拢，这样，两腿之间就不会产生电位差。如果我们刚好在汽车上，就不要下车了，因为金属的汽车外壳就是一个非常好的屏蔽体，若一旦有雷击，金属外壳就会很容易地把雷电电流导入大地。所以，只要主动而科学地避开雷电，雷电就不会选择你。

知识链接

避雷针其实是引雷针

避雷针是用来保护建筑物等避免遭受雷击的装置，是18世纪美国科学家富兰克林发明的，它由金属的针、线、板三部分构成。金属针安装在建筑物顶端，金属板埋在地下，金属线连接针和板。当雷电袭击时，避雷针能把云体所带的电，通过金属线传输到金属板中，与地下的电进行中和，由此避免了雷击事故。从避雷针的作用来看，其实把它叫作"引雷针"更为合适。

26

低碳生活该怎么过

旧衣新穿 衣

食 多素少荤

氧 住

行 多走路或骑自行车

绿化人居环境

低碳生活正在成为一种时尚。低碳生活指低能量、低消耗、低排放、低开支的生活。低碳生活的基本要求是"节能减排"。节能，节省能源和其他物资的消耗；减排，减少有害气体（主要是二氧化碳）、生活污水的排放量和减少废弃物。低碳生活能降低能源和物质的消耗量，减缓全球气候变暖，减少雾霾，保护生态环境，保证人类在地球上长期舒适安逸地生活和发展。选择低碳生活，是每位公民应尽的责任。

低碳生活要求我们改变以往的生活习惯，约束自己，养成自觉节约身边各种资源的好习惯。

我们可以从衣食住行的点滴小事做起。

衣：选购天然棉、麻等材质的衣服；按衣服面料的标识来购衣及保养衣服，以延长衣服的寿命；衣物量合适就好，旧衣也可新穿；洗衣后自然晾晒。

食：每周至少吃一天素，减少荤食（肉食加剧气候变暖——肉品工业制造的温室气体超过所有交通运输工具的总和）；多选用有利于生态、营养加倍的有机蔬果；多选用本地和当季蔬果；多在家烹煮，外出用餐食量恰到好处，吃不完打包回家；外出用餐自备筷、勺等餐具，不用一次性筷子；随身自备饮水杯，不用一次性纸杯；少喝瓶装饮料，多喝白开水。

住：住房面积不求过大；装修简朴、环保，不求豪华；居家布置多用绿色环保材料；使用节水型洁具，循环用水；少用空调多开窗，空调的温度冬天调低一点，夏天调高一点；使用节能灯，随手关灯、拔插头；慎用、少用化学清洁洗涤剂。

行：出门多走路或骑自行车，少开汽车，多坐地铁和公交车；购车优先选绿色环保型的；绿色驾车，不猛踩油门或刹车，行驶速度不要过快，少按或不按喇叭；少乘电梯，多走楼梯，既节省能源，又运动健身；多在户外运动，少去健身房。

27

"十面霾伏"的危害究竟有多大

　　近年来，我国不少城市相继雾霾重重，空气质量出现严重污染，因而被戏称为"十面霾伏"。

　　其实，雾是自然现象，由水汽组成，空气湿度高就会形成雾；而霾主要是环境污染造成的，是空气污染的显著标志。造成能见度只有几百米

的灰霾中，主要污染物往往是$PM_{2.5}$，这是悬浮于大气中直径小于或等于2.5微米（还不到人类头发丝直径的1/20）的颗粒物，也称可入肺颗粒物。一旦进入人的肺泡，会被巨噬细胞吞噬，便永远停留在肺泡里了，不光对呼吸系统有损，对心血管、神经系统和其他脏器也都会有影响。美国曾对18万人进行26年的跟踪观察发现，$PM_{2.5}$指数每增加10，肺癌患病率就增加15%～27%。日本和丹麦也有同样的数据，可见其危害性。

"十面霾伏"与大气污染密切相关，罪魁祸首乃是汽车尾气排放和煤炭等石化燃料的燃烧，以及垃圾与秸秆等燃烧所产生的废物……当然还要有气象条件的撮合才能形成。

从各国走过的治霾之路发现，"十面霾伏"难题是可以破解的。伦敦治理"大烟雾事件"、洛杉矶治理"光化学烟雾事件"等，都给我们带来了希望的曙光。治霾很紧迫，不仅政府要有相关举措，科学家要提出良好策略，每一位市民也要有"从我做起"的责任感。

28

城市会被生活垃圾团团围住吗

　　随着城市化进程的加快，人口的迅速集聚，妥善处置居民生活垃圾，成了城市环保绕不开的话题。不妨以上海居民日常生活所产生的垃圾量来做个估算。目前长住居民约 2300 万（不包括流动人口），若人均每天产生 1 千克垃圾，则年均 365 千克。整座上海城的年均生活垃圾为 8395000 吨，保守地以每吨垃圾被压实后占 1.2 米^3 的体积来估算，则年均生活垃圾的体积约为 10074000 米^3。如果将它们堆成厚度为 10 米、高度为 30 米（相当于 10 层楼高）的长方体，这座"垃圾城墙"的长度约为 33 千米。以上海外环线 99 千米的长度作比较，仅 3 年，"垃圾城墙"就可将整个上海团团围住了。当然，这还不包括由建筑拆迁、突发事件以及工农业生产所产生的大量垃圾，如 2013 年除夕夜燃放烟花爆竹就产生了900 多吨垃圾。

　　为此，必须从源头上以资源化和减量化来分

类垃圾。就是将垃圾按可回收再利用和不可回收
再利用进行分类，既能促进总量的减少，还能从
源头上抢救出大量可回收以循环利用的宝贵资源
（如废塑料、废纸张、废
玻璃、废金属等）。其
中最关键的一点是所
有市民都必须参与
此项分类工作，认
识到：垃圾往往是
一种被放错地方的
资源。

目前，城市生
活垃圾分为：可回
收垃圾、厨余垃圾
（湿垃圾）、有害垃圾和其他垃圾（干垃圾）。对
应的处置方法为：综合利用、堆肥、焚烧发电和
卫生填埋。统计表明，将垃圾分类处理后，总量
至少减少65%。这样，用作填埋和焚烧的垃圾量
大大减少了，毕竟填埋垃圾的土地是很宝贵的，
而垃圾焚烧的燃烧热值又并不很高，焚烧炉及其
净化设备对燃烧产生的二恶英等有害物质的去除，
也往往不尽如人意。

29 什么是城市热岛效应

　　现在的城市气候变得越来越恶劣，气温节节攀升，夏天越来越热，冬天也不见冷，这就是城市热岛效应导致的恶果。当市区的冷却速率因城市化而渐渐低于郊区时，热岛效应便会出现。在城市热岛中心，气温一般比周围郊区高1℃左右，最高可达6℃。

对居民生活造成影响的主要是夏季高温天气下的热岛效应，长期生活在热岛中心区的人们会出现生理和心理的不良症状，比如烦躁不安、精神萎靡、食欲减退等。由于城市热岛与周围地区的气压差，大气污染物质会在热岛中心区域聚集，进一步危害人们健康。

我们可以采取一些措施来缓解热岛效应。比如，保护并增大城区的绿地、水体面积；开发新城，降低主城区人口密度；修建路面和外墙尽量使用浅色材料，以增加热量的反射；减少空调的使用时间，夏天适当调高空调温度，冬天适当降低空调温度；减少使用可排放污染气体的燃料。

知识链接

为什么城市会出现热岛效应

城市人口密集，工厂及车辆排热，居民生活用能的释放，城市建筑面及裸露地面吸热快的特性，是热岛效应产生的主要原因。当然，城市中的大气污染也是一个重要原因。这些大气污染物浓度大，会吸收地面和墙壁反射的热量，在一定程度上起了保温作用，产生温室效应，从而引起大气进一步升温。此外，城市里绿地、林木和水体的减少也是产生热岛效应的一个重要原因。

城市生活污水去哪里了

　　水是维持人类生存的重要物质，平均每人每天要消耗 150～400 升生活用水。消耗的水只有少量被人体饮用，另有一小部分挥发，而大约 90% 的用水会以污水的形式排放出来。2013 年中国的污水排放量为 695.4 亿吨，其中生活污水达 485.1 亿吨。

　　生活污水的来源主要包括厕用、沐浴、洗涤以及厨房等家庭排水。这些排水中有形形色色的污染物，如果随意排放，污染物进入空气、土壤、水体等环境，会造成很多不利影响。

　　生活污水中的主要污染物是有机物，包括碳水化合物、蛋白质及脂肪等，可以被好氧微生物分解，转化为二氧化碳和水。大量有机物排放到水体中会消耗水中的溶解氧，使水体发黑发臭。通过分析发现，水体中的氮、磷等元素过量增加会造成水体富营养化，使藻类物质大量繁殖，形成水华、赤潮等。

因此，每家每户的生活污水都要通过城市的污水管道收集起来并送至处理厂，处理后才能排放。污水处理厂目前主要采用生物法，即在人工条件下，对污水中的各种微生物群体连续混合培养，形成生物污泥，使污水得到净化。例如针对污水中的有机物、氮、磷等污染物，厌氧—缺氧—好氧工艺就是目前常用的处理方法。

经过处理，污水中的绝大部分污染物都被去除了，这样的污水才能排放，不会对环境造成污染。

31 光污染的影响仅仅是让星空消失吗

　　光污染指人类过度使用光照明而产生的环境问题。它来自家居照明、霓虹广告、街灯、景观照明、大幅面玻璃幕墙的反光，以及露天运动场和交通枢纽的强光照明……使人类的眼睛难以承受极强光源的照射，或使城市的黑夜亮如白昼。

　　人类在制造光亮上如此挖空心思，大自然是肯定要人类为此付出代价的。当然，远非让澄澈的星空彻底消失这么简单。光污染会破坏生态平衡，影响动植物的生活规律，使它们昼夜不分，活动能力、辨向能力、竞争能力、交流能力皆受到影响。研究发现，过度照明会有助藻类繁殖，杀死了湖里的浮游生物并污染了水质。光污染会影响飞蛾及其他夜行昆虫的辨向能力，使得那些依靠夜行昆虫来传播花粉的植物因得不到协助而难以繁衍，久而久之导致某些植物种类的消失，破坏了生态链。最典型的是刚孵化出的海龟在由巢穴步向海滩时，会受到光害的影响而迷失

方向，因找不到合适的生存环境而死亡。雏鸟由巢穴飞向大海时也会因光污染而迷失方向……当然，光污染还会严重扰乱人类的生物钟节律，并抑制诱导睡眠的褪黑激素的分泌，使不少人为此而长期失眠。因此，不少有识之士发起了"关注致命光线"计划，倡导"全球黑暗天空运动"，呼吁市政部门在候鸟迁徙期间，尽量关掉不必要的灯光以减少候鸟的死亡率等。

其实，在人类面临的各种污染中，光污染的治理相对容易起效，只要引起人们足够的重视，拟定相关法规，譬如减少户外灯光照明量、少建大玻璃幕墙等以减少光污染，情况还是能得到改观的。

32

为什么把公园绿地称作城市的"肺"

在收看天气预报的时候，你是否留意空气质量指数？城市中的空气质量很少会达到"优"，而长时间生活在城市中的居民，也常常会觉得空气很污浊，天空仿佛笼罩着一层薄纱。这是为什么呢？

如果仔细观察，你会发现，城市中有很多高高的烟囱，每天不间断地向天空排放大量的废气。这些废气就像一大片乌云覆盖在城市上空，让我们很少看到城市的蓝天。这些工厂排放的废气都是由煤炭和天然气燃烧产生的，其中除了二氧化碳，还有很多对人体有毒的气体和烟尘。另外，随着城市中的汽车越来越多，在造成交通拥堵的同时，汽车排放的尾气弥漫大街小巷，怪异的气味令人头昏、恶心，影响人的身心健康。于是，在节假日，人们纷纷走出城市到郊外的公园绿地，去那里呼吸清新的空气。

为什么公园里的空气更新鲜呢？这是因为公园里生长着大量的绿色植物。碧绿的草坪、成片的花丛、茂密的树林，不仅把公园打扮得美丽多姿，而且还有着十分重要的生态功能。绿色植物能够通过光合作用吸收二氧化碳并放出氧气。科学家的研究表明，10000 米^2 绿地每天能吸收 900 千克二氧化碳，生产 600 千克氧气，这些氧气可以满足 1000 人的呼吸所需。而且，绿色植物还被称为"生物过滤器"，因为很多植物能够吸收空气中对人体有害的气体和粉尘。因此城市中的公园，就像城市的"肺"一样，通过净化污染，为人们提供新鲜的空气。

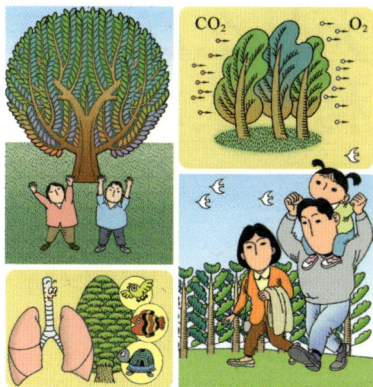

知识链接

为什么绿色城市需要野草

空气中的灰尘颗粒有很大部分来自裸土地表，而野草具有发达的根系，能像网一样将土壤颗粒固定住，抑制扬尘产生。所以，对于城市草地中生长旺盛的野草，只宜剪短，不必连根清除。而且，修剪下的茎叶应留在草地中，就地变成肥料，这样做能使草地长得更密实，使草地边的道路保持无尘。

33

为什么必须节约利用淡水资源

有人觉得，地球上的水多得取之不尽、用之不竭，何必还要提倡节约用水呢？

其实，这样想可就错了。须知，地球上的水有97.5%是咸水，包括海水、咸水湖的水、高矿化的地下水等。它们含盐量太大，难以直接利用。地球总水量中仅约2.5%是淡水，而且凭现有的技术，只有约0.3%的地球淡水能为人所用，那就是河流、湖泊以及浅层地下水。那么，它们会不会被用完呢？

地球上的水，总量基本上是恒定的。地表和水面的蒸发，植物的蒸腾作用，会使液态水变为水蒸气；随着气流运动，遇到适当的条件，水蒸气又会凝结成雨雪落回地面。虽然有些淡水湖因水量减少变成了咸水湖，但总的说来，地球上的淡水总量大致还是恒定的。

话虽如此，但若只顾无节制地开发使用，那么可用淡水资源仍有可能被消耗殆尽。工业生产会排

出有毒的废水，农业也会产生含化肥、农药的污水，还有生活污水等，大自然中大量干净的淡水被弄脏了。同时，世界

人类活动影响水质

人口的增长，也使淡水的需求量不断上升，不少地方水荒已经相当严重。为此，污水净化、海水淡化等水处理技术就变得相当重要，我们每个人也都要养成节约用水的好习惯。

原来如此

护水功臣

地球上的水能够长期保存，要归功于两位"护水功臣"。首先是地球的重力足够大，把水"拽"住了，否则水就会飞散到太空中去。其次，地球的磁场宛如一把天然的保护伞，有效地抵御了太阳风的侵袭，否则强烈的太阳风就会带走地球的大气和水。

34 城市居民如何预防和应对火灾

随着城市居民生活水平逐步提高，家庭生活中用火、用电和化学制品用量大幅度增加，这就带来了更多的火灾隐患。由于受城市居民住宅建筑结构、公共消防基础设施及市民防灾意识等综合因素的影响，长期以来，居民火灾所占比重一直较大。

若要有效控制城市火灾的发生，则需要消除火灾隐患。引发居民家庭火灾的主要原因有四种：用火不慎、电器设备的安装使用不当、易燃易爆危险物品存放不妥、对被监护人（小孩、智障、精神病患者）监护不严。

遇到火灾时，最重要的是要沉着冷静，根据具体情况采取合理的自救措施：火灾发生时烟气大多聚集在上部空间，逃生时应尽量将身体贴近地面匍匐或弯腰前进；火灾烟气具有温度高、毒性大的特点，疏散中应用湿毛巾捂住口鼻，以起到降温和过滤的作用；用浸泡过的棉被或毛毯、棉大衣盖在身上，确定逃生路线后用最快的速度离开火场到安全区域；当无路可逃时，将毛毯等织物钉在或夹在门上，并不断往上浇水冷却，防止外部火焰及烟气侵入。

前沿拓展

防火、灭火技术

19世纪中叶，西方国家的工程师率先将近代机械和电气技术应用于火灾预防与扑救，发明了早期的自动喷水灭火装置和自动报警装置。20世纪初，随着化学与化工技术的发展，开始了泡沫灭火剂的研制。同时，建筑结构及材料的防火技术也逐渐成为一个重要的研究领域。减少火灾伤害的发生，还需要建筑学家的配合，要对建筑进行科学合理的设计。高层建筑必须有专用的防火构造，诸如设置防火、防烟、防化学腐蚀以及防有害气体的避难楼层等。

35

怎样进行台风预警

台风是诞生在西北太平洋的热带气旋（在美洲肆虐的热带气旋称为飓风），一般台风的生命可以持续一周左右，有时还可能连续出现几个热带气旋。台风每年频频"作案"，使人类深受其苦。长期以来，人们一直不懈地与台风作斗争，并总结出许多抗防台风灾害的经验，设计与发布"台风预警信号"就是其中一项重要的经验。

最早的台风预警信号是风球，是7个竹制的不同形状的信号标志物，分别代表不同强度的台风。风球最先是悬挂在渔船的桅杆上警示风情，后来港口或沿海城市也纷纷仿效使用。

目前的台风预警采用"台风预警信号"的方式，由各级气象主管机构所属的气象台站向社会公众发布。获取台风预警信号的渠道很多，除了各级行政管理部门外，还可以从广播、电视、报纸、电话、手机、网络等渠道获取。

根据中国气象局2007年6月《气象灾害预警信号发布与传播办法》规定，气象灾害预警信号由名称、图标、标准和防御指南组成，信号的级别依据气象灾害可能造成的危害程度、紧急程度和发展态势划分为四级：Ⅳ级（一般）、Ⅲ级（较重）、Ⅱ级（严重）、Ⅰ级（特别严重），依次用蓝色、黄色、橙色和红色表示，同时以中英文标识。在四级台风预警信号中，蓝色表示：24小时内平均风力可达6级以上，或阵风8级以上并可能持续；黄色表示：24小时内平均风力可达8级以上，或阵风9级以上并可能持续；橙色表示：12小时内平均风力可达10级以上，或阵风12级以上并可能持续；红色表示：6小时内平均风力可达12级以上并可能持续。目前还增加了一个白色预警（五级），以表示需要警惕。

台风是一种自然现象，当然无法消除。因此，目前人们对付台风的方法只有"避险减灾"一招。当得到台风预警信息时，我们要听从政府的统一部署和安排，有关人员及时疏散到安全的地方，还要妥善安置和固定可移动财物。

36

为什么说传销宣传中的"倍增"神话很不靠谱

　　传销又称"金字塔式销售",其基本模式为:传销组织者或经营者通过发展人员,要求被发展人员发展其他新人员加入,形成上下线关系,并依据发展下线数量、下线缴纳的费用、下线销售的业绩等数据来计算和支付上线报酬。

　　传销宣讲人员经常会搬出经济学中的"倍增效应"进行宣传。所谓"倍增",就是1变2,2变4,4变8……数字成倍增加。只要你在1个月内发展2个下线,你的下线也和你一样花1个月时间各自发展2个第二代下线,第二代下线再各自发展2个第三代下线,以此类推,逐渐形成一个金字塔式的层叠结构,那么,1年后你就有至少 $2×(2^{12}-1)=8190$ 个下线,2年后就有 33554430 个下线,3年后……你的下线数量就会飞速增加,你的下线为你贡献的财富也随着飞速增加,要不了多久你就会成为百万富翁、亿万富翁。这看上去真是一个诱人的财富积累计划！1个月时间内发展2个下线还不容易？以后就可以坐等着发财了。这样的"倍增"神话可信吗？答案是否定的。

事实上，要真正实现下线人数的倍增，你的下线必须形成一个完整的"二叉树"。但实际情况是，由于很多下线可能根本找不到任何自己的下线，你的下线形成的是一个残缺不全的"二叉树"，是无法实现倍增的。

假如传销组织所宣传的"倍增"神话靠谱，那么2年后你的下线人数将是3000多万，这相当于中国一个省的人数，3年后你的下线人数将是1000多亿，而目前全世界的人口也只有70多亿，这可能吗？国际上首创倍增销售模式的那家公司到现在已经存在了50多年，如果"倍增"神话真能实现的话，那世界上的人恐怕早就全都是此公司的传销人员了。

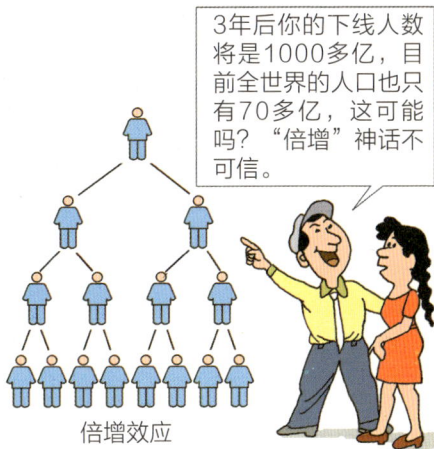

3年后你的下线人数将是1000多亿，目前全世界的人口也只有70多亿，这可能吗？"倍增"神话不可信。

倍增效应

73

37

为什么算命不值得信赖

有些人每逢升学考试、出远门、办大事，总要到庙里烧香拜佛，或者请教算命先生，算算是否有运气。算命值得信赖吗？

算命术正式确立于唐代，起关键作用的人叫李虚中。此人自称能根据一个人出生时间的天干地支，来推算他一生的吉凶祸福、贵贱寿夭。由于韩愈等人的极力推崇，李虚中死后被奉为命理学的鼻祖。

李虚中的推测方法被称为"四柱法"。"四柱"即为出生的年、月、日、时，每一柱取天干（甲、乙、丙、丁等共10个）、地支（子、丑、寅、卯等共12个）各一字，加起来的总字数便是"八字"。然后再按八个字中所含的阴阳五行，进行复杂演算，推测被算者一生的大致情况。这种方法后在五代十国和北宋时期经进一步发展，趋于成熟，明代的刘伯温对此也作了补充。

后来，有人认为，八字无非是代数里普通

的排列组合问题，认为八字共有 40320 种（8！＝8×7×6×5×4×3×2×1=40320）。也有人认为答案是 60^4 =12960000 种（因为 10 与 12 的最小公倍数是 60，故有"六十甲子"的说法），但是这些答案都是错误的。

事实上，八字中允许重复，而且地支不能置于天干之前，阳干和阴支、阴干和阳支绝对碰不到一起。正确的答案是 518400 种（60×12×60×12=518400）。

按照现在中国的人口数量，肯定能找到 2000 多人的生辰八字是相同的，难道他们的人生际遇就是一样的吗？

如果你仔细想一下，各种算命方法都有共同的特点：为投其所好，把人复杂难料的一生做了极大的"简单化处理"，而且不能给出任何理性解释。这样算出的命运，当然不值得信赖。

你40岁前不顺利！

38

彩票分析师的话可信吗

如果一个人考上了好大学，人们会说这是他努力学习的结果；如果一个人事业成功，人们会说这是他努力工作的结果。可是如果一个人买彩票中了大奖，又是什么原因呢？答案就是没有任何原因，这是一个完全的随机事件。"随机性"的一个非常重要的特点就是，它表明有些事情的发生是不可预测的，没有任何理由。

不管他口若悬河，其实，这是一个完全的随机事件。

彩票分析师

不理解随机事件特点的人往往会有很多错误想法，其中最重要的一个谬论，就是认为彩票中奖的号码是有规律的。有人热衷于研究中奖号码的走势图，有人还兜售各种中奖秘籍。甚至在很多正规媒体上都能看到彩票分析师开设的专栏，他们认为彩票的中奖号码跟股票一样，存在走势，使用"五行码""余数走势"等五花八门的曲线帮助彩民预测下一期中奖号码。

事实是，不管分析师说得多么头头是道，不管各种曲线和走势图多么有模有样，下一期彩票的中奖号码跟以前各期没有任何关系。哪怕上一期刚刚开出过这个号码，这一期也有同等可能性再开出一次。

这是因为每次开奖都是完全独立的随机事件，已经发生的事情不会影响未来。我们举一个简单例子，假设瓶子里装着 6 个一模一样的球，编号 1 ~ 6。每次抽奖的时候，你要从 6 个球中随便拿 1 个，显然这 6 个球被你拿到的机会是均等的，都是 1/6。现在假设在前面几期抽奖中 6 出现的次数的确比 2 多，那么这一次抽奖的时候，你是否就会有更大机会抽到 2 呢？不会！这些球根本不"记得"谁曾经被抽到过，2 号球不会主动跑过来让你抽。它们被抽到的概率仍然都是 1/6。

39

为什么中了"木马"后，计算机就可能被别人控制

盗取账号

毁掉数据

　　我们通常说的计算机中的"木马"，其实是在说一类特殊的程序，全称是"特洛伊木马程序"。这个名称源于古希腊神话中的特洛伊战争。传说希腊人在攻打特洛伊城时，制作了一只庞大的木马，将士兵藏在木马的肚子里面，然后留下木马假装撤退了。特洛伊人兴高采烈地将木马拉到了城里，可万万没想到，这看似温和的木马内部却隐藏杀机，木马肚子里的士兵与外部的希腊大军里应外合，攻下了特洛伊城。

　　计算机中的木马也与此类似，它本身可能没有什么危害，也许还能提供一些功能，但是它可能会偷偷地从互联网上下载一些不可预知的程序到本地执行，这些被下载的程序可能会盗取你的账号、毁掉你的数据等。计算机一旦中了木马，

就是被留下了机关，黑客可以通过这些机关远程操作木马所在的计算机，为所欲为。

每个木马程序都有服务端和控制端两个部分，当服务端在伪装之下进入用户的计算机后，它会打开服务端口，让远程的控制端可以通过网络与其建立连接，建立连接之后，控制端就可以向服务端发送各种命令了。木马程序千差万别，有的会窃取用户计算机上的密码和文件，有的可能就是以用户的计算机作为中介，让黑客可以通过这个中介攻击别的计算机。

如何才能尽可能防范计算机木马程序的攻击呢？首先，要为你的计算机安装一个杀毒软件，并且经常升级更新，定期用杀毒软件全面扫描计算机，查杀隐藏的病毒。杀毒软件虽然不能拦下所有的病毒，但是起码可以阻拦常见的木马程序。其次，保持良好的使用习惯，尽量不将 U 盘等可移动存储设备在没有安全防护的计算机或公共计算机上使用，需要的时候，尽可能使用网络硬盘来代替。还有，经常为你的计算机和浏览器打补丁，不轻易访问通过邮件、聊天软件发来的链接，不随便下载和运行来路不明的文件。最后，常备份重要文件，以免因计算机故障而损失数据。

40 电子银行采取了哪些安全措施

给朋友转账汇款，还去银行排队吗？电子银行可以让你在家轻松解决。电子银行依托迅猛发展的计算机、网络与通信技术，突破了银行传统的业务操作模式，把银行的业务直接在各种电子终端上推出。个人用户不仅可以通过电子银行查询账户中的余额以及交易情况，还可以缴纳各种社会服务项目的费用或进行网络购物。

电子银行业务的主要表现形式是网络银行，包括利用计算机和互联网开展的网上银行业务，利用移动电话和无线网络开展的手机银行业务，以及其他利用电子服务设备和网络，由客户通过自助服务方式完成金融交易的网络服务方式。

为保障电子银行交易安全，银行主要采取以下三方面的技术措施：一是设立防火墙，隔离相关网络，防止互联网用户的非法入侵；二是使用高安全级的网络服务器；三是实施24小时实时安全监控。

针对个人用户，电子银行有许多保障交易安全的工具，比较常见的是 U 盾和口令卡。即使用户不慎外泄了登录卡号和登录密码，只要保管好手中的 U 盾或口令卡，使登录卡号、登录密码、U 盾（及密码）或口令卡不被同一个人获取，就能够保证资金的安全。

知识链接

个人如何防范电子银行的风险

电子银行的安全也是相对的，所以我们在使用电子银行时要注意防范风险。应当避免在网吧、图书馆等公共场所使用公用计算机操作网上银行。用于登录网上银行的计算机应安装并及时更新杀毒软件。保管好网上银行用户名、密码等个人金融信息，防止资料泄露。妥善保管 U 盾或口令卡，不随意交给他人使用。尽量避免通过搜索的形式或通过其他网站链接访问网上银行，以防登录钓鱼网站。

网络使人们的距离变近了还是变远了

　　这里我们所谈的距离远近，主要是情感的远近。情感疏远的人，再近也远；情感相近的人，再远也近。网络可以把时空距离很远的人变近，也可以把时空距离很近的人变远。

　　克莱·舍基把联系人的软件称为社会件，指

支持成组通信的软件，它包括电子邮件、聊天室、博客、开放源代码社区等聚集人气的地方，也是一个协同合作的工作空间。博客、微博、DIGG、BBS、维基百科、搜索引擎……这些都为人与人之间关系的改变，提供了技术条件。

工业化使人们在空间上聚到一起，但人们的心理距离越来越疏远。因为工业化好比一台烘干机，将社会关系中一切带有人情味的东西烘干。物极必反，未来在本质上是"湿乎乎"的。网络使人们的距离变近了。克莱·舍基在《未来是湿的》这本书中指出，凭借着DIGG、BBS、维基百科等，人与人之间依感情、缘分、兴趣等快速聚散，而不是以契约方式干巴巴地待在一起。人们凭借互联网的"湿性"，在社会化的同时，既能保持活力又能保持个性与创造力。

可以这么说，西方工业理性在带来伟大进步的同时，也越来越多地暴露出了负面影响，它把人性中的"洪水"制服了，却又带来了人性的"沙漠"。未来需要用"湿"来中和：让未来多一点绿色，让未来多一分潮湿。从这个角度来说，网络会使人们变得越来越近。

42 为什么青少年更容易有网瘾

互联网的出现，极大地方便了人们的生活。对于许多人来说，互联网已经成为学习、工作和通信中不可缺少的工具。然而对于某些人，尤其是青少年，过度使用网络产生了很多负面影响，比如学习成绩下降、人际关系冷漠、脱离现实、发生暴力和犯罪等。

为什么人们喜欢上网和玩游戏呢？神经科学研究发现，在人的大脑里有一个包括前额叶皮层和腹侧纹状体在内的奖赏通路。玩视频游戏可以激活多巴胺在大脑奖赏通路的传输，使人产生快感，因为多巴胺是一种与快感有关的情绪调节激素。成瘾性药物如尼古丁、酒精、鸦片、大麻等，也能使大脑中的多巴胺水平增加，从而让人获得快感，继而使人对这些药物产生依赖。所以，网络和游戏上瘾也被称为非药物成瘾。那么，谁最容易对网络和游戏上瘾呢？

研究已经发现一些与游戏成瘾有关的因素。比如，男性比女性更容易上瘾，青少年比成年人更容易上瘾。那么，为什么青少年更容易对上网和玩游戏上瘾呢？

这是因为青少年的大脑还没有完全发育成熟，与奖赏有关的神经系统对外界刺激更敏感，也就是说，上网和玩游戏的时候更容易有快感。此外，负责自我控制的大脑前额叶皮层也还没有成熟，导致青少年的自制能力差，即使知道上网或玩游戏时间太长不好，他们还是控制不住。所以，大脑神经系统的发育不成熟，导致了青少年容易对网络和游戏成瘾。

当你更喜欢与网上朋友而不是现实中的朋友交流，或者上网、玩游戏已经影响了你的学习和生活，但你还是控制不住自己，这说明你可能网络成瘾了。为了控制上网时间，你需要尽量多地参加体育活动，加入学校的各种社团，培养其他有益于身心健康的兴趣爱好。必要的时候，对网瘾严重的青少年还需要做一些心理辅导。

43

大数据究竟有些什么用途

　　美国科幻影片《少数派报告》讲述了在2054年的华盛顿特区，犯罪可以被预知，罪犯在实施犯罪前就已受到了惩罚。尽管这只是一部科幻影片，但是随着科技的发展，利用大数据进行犯罪预测已经不再是天方夜谭了。

　　与传统的数据信息相比，大数据有以下特点：数据量特别大，数据类型繁多，数据价值的时效性很强，数据价值密度相对较低。因此，大数据时代要求我们要快速处理数据。利用不断发展的大数据技术，就可不断提高对数据的筛选、

加工和分析能力。举例来说，当人们在社交平台上表达自己对股票市场的情绪或观点时，美国华尔街的炒股高手们却正在利用大数据技术分析人们的想法，先人一步预判市场走势，而且取得了不俗的收益。

　　大数据在生物、医学、天文、环境、物理、工程、经济、互联网等诸多领域都有重要应用。对于普通老百姓来说，大数据已经融入到生活的各个方面。看病就医离不开大数据，通过大数据健康分析，医疗机构可以为更多的人提供更好、更廉价的服务。大数据能够预测犯罪，把犯罪活动提前扼杀在摇篮之中，为我们构建和谐安宁的社会。

知识链接

什么是大数据

　　简单来说，大数据就是大量的信息，尤其指存在于互联网和数字终端中的数字信息。大数据到底有多大？统计数据表明，在一天之中，互联网产生的全部内容可以刻满 1.68 亿张 DVD。IBM 公司的研究称，在整个人类文明所获得的全部数据中，有 90% 是过去 2 年内产生的。而到了 2020 年，全世界所产生的数据规模将达到今天的 44 倍。

44

居室不当装修会带来哪些危害

　　现在住进新房的人家越来越多，在搬进去前总要装修一番。殊不知家庭装修可能带来多种危害，要加以警惕。

　　一是放射性污染。放射性指元素从不稳定的原子核自发地放出射线而衰变形成稳定的元素的现象。大剂量放射性照射会损伤机体的细胞、组织和器官，甚至引发白血病和其他癌症。装修用的花岗岩、大理石、瓷砖都有一定的放射性（瓷砖原料大多来自长石、云母等，这些原料都含有铀、钾等放射性物质）。我们在装修时，要注意选购安全的石材，1993年国家建材局把天然石材按放射性水平的高低分为A、B、C三类产品，A类

测试分析，A类产品可在任何场合中使用。

A类石材产品

产品可在任何场合中使用，B 类和 C 类产品不可用在室内。家装必须用 A 类产品。我们选购瓷砖，也选符合 A 类标准的，为安全起见，不要大面积铺装瓷砖，在卧室和儿童房尽量不用瓷砖。

二是甲醛污染。我们装修用的人造板、涂料、地毯、家具都要用胶黏剂，胶黏剂的重要组分是甲醛，甲醛易挥发，过量接触或吸入会引发过敏性皮炎、呼吸道水肿、支气管哮喘，甚至诱发细胞突变，生成肿瘤。我们应尽可能选购绿色、环保和达标的材料，不购买用劣质的大芯板或密度板做的家具。房间装修后，多开窗通风，有利于甲醛的挥发和稀释；摆放一些植物，如吊兰、芦荟等，有助于降低甲醛浓度；使用空气净化剂和活性炭，也可以吸附一些甲醛。

三是苯污染。苯主要来自胶黏剂、油漆、涂料和防水材料的溶剂或稀释剂。长期吸入苯，对皮肤和上呼吸道会造成损伤，并导致再生障碍性贫血。孕妇接触苯系混合物，妊娠并发症的发病率显著增高，甚至会导致流产或胎儿先天性缺陷。我们必须选择符合国家标准的油漆、涂料、胶黏剂和防水材料。苯挥发比较快，装修后开窗通风一段时间后再入住较安全。

45

为什么不能随意丢弃废电池

随着电器的微型化，电池的使用愈来愈多，笔记本电脑、手机、数码相机……都需要用电池作为电源。不管是一次性电池还是可充电电池，废电池都是不能随意丢弃的。这主要是因为电池里含有一些有毒有害物质，一旦被随意丢弃，就会污染环境。有数据表明，1节1号电池能使1米^{2}的土壤永久失去利用价值，污染的水甚至可以达到惊人的60万升！所以，在世界范围内，废电池的回收已成为一种共识。

废电池定点回收始于20世纪70年代，那时人们开始普遍使用经过充电可以反复使用的镉镍电池。它的负极材料是镉，这是一种对人体非常有害的金属。镉对骨骼的破坏作用主要源于镉与钙的相似性，镉与钙在骨骼中均以二价阳离子形式存在，而且它们的"个头"也很相近。镉进入体内就会逐步取代钙，使人患上骨痛病。开始是腰、手、脚疼痛，继而全身骨痛，行动困难，出现骨萎缩、弯曲和软化症状，并会莫名其妙地发生骨折。

骨痛病的发现，引起了世界各国的警惕。各国相继制定了定点回收废弃镉镍电池的措施，并同时回收一次性电池。这是因为大多数一次性电池都是以锌作为负电极，例如常用的1号或5号锌锰干电池及纽扣电池。金属锌非常活泼，会溶解在酸性或碱性溶液中，并产生氢气。因此，当电池不在使用状态时，会由于氢气的产生而导致电池的膨胀，乃至爆破。为了防止这种现象的发生，通常在锌电极上覆盖一层汞。为此，所有以锌为负极的一次性电池里都含有汞。汞蒸气有剧毒，会引发口腔炎、肌肉震颤和精神失常。所以一次性电池也不能随便乱丢，否则里面的汞也会污染环境。

在各种电池中，还有一些其他的重金属及其化合物，一旦转化为溶于水的物质，同样也会污染土壤和水域。

46

用微波炉烹饪安全吗

　　微波炉已成了家家户户厨房必备的烹饪器械。炉灶内没有火，怎么能将食物煮熟？用微波煮熟的食物对人体有没有害处？用微波炉烹饪安全吗？

　　这就要从微波加热的原理说起。食品中总含有一定的水分，用微波炉加热干燥食物时，往往要淋上一些水。可见，奥秘就在水上。

　　水是一种一端带正电，另一端带负电的"极性分子"。在通常情况下，水分子是杂乱无章排列的。当微波炉内的磁控管发出微波辐射时，食品中的极性水分子的取向，会遵循"同性相斥，异性相吸"的原理，随微波电场而剧烈转动，以保持与微波电场一致的队形。由于微波电场每秒要转20几亿圈，水分子也要同步跟着高频率转动，势必在很短时间内因运动而生热，带动食品温度急剧上升。当然，炉内的其他极性分子也会被加热。在整个烹饪过程中，水分子并没有被微波改变，只是提高了温度而已。一旦微波停止发射，极性分子的运动也就停止了，并不会有任何微波残余在食品上，因此用微波烹饪炉的食品不会有害处。微波炉是清洁、省电、无烟，而且热效率高达80%的烹饪器械。值得注意的是，微波在传输过程中若遇到金属物体时，就像光束射到镜面一样会被反射，因而传统微波炉不能用于加热盛在金属容器中的食物。而微波炉用于杀灭细菌以消毒非金属物品，也是很有用武之地的。

　　为防止微波泄漏问题，在制造微波炉的材料和工艺方面厂家也有充分考虑，但使用者还是要经常注意炉门是否关紧，若有损坏，得及时请专业人员维修或检测。

> 烹饪很安全，请放心使用！

47

每人每年可接受的辐射剂量限值多大

生活在地球上的人们都无法避免各类放射性辐射——非电离辐射与电离辐射。

非电离辐射主要指电磁辐射（手机、显示屏、激光等）。电离辐射主要包括来自外太空和地球本身的天然电离辐射，以及来自人类活动（核爆炸、核反应堆泄漏、X射线等各种放射线）的人工电离辐射。

电离辐射指通过与物质的相互作用能够直接或间接地使物质的原子、分子被电离的辐射，一般指波长短、频率高、能量高的射线，如α射线、β射线、γ射线和X射线等，会破坏生物体细胞内的分子，使它们失去活性，或使整个细胞受损乃至死亡。若人体接受了过量的电离辐射，机体对自动修复受损分子无能为力，会使细胞内的调控系统失灵——细胞分裂异常、增长失控而导致癌症。通常表现为造血功能障碍、内脏出血、组织坏死、感染及恶性病变，或者患上白血病、甲状腺癌等疾病。

1986 年，切尔诺贝利核电站突然失火，引起爆炸，造成反应堆堆心毁坏，使 8 吨多强辐射物质泄漏，放射性尘埃随风飘散，使周边不少地区与国家遭到核污染，导致肿瘤患者大大增加。其中白血病患者增加最多，其次是多发骨髓瘤，以及良性和不明原因的肿瘤。还有数以万计青少年患了甲状腺癌。事实表明，过量电离辐射确实是人类健康的大敌。

联合国原子辐射效应委员会指出：每人每年可接受的辐射剂量限值为 2.4 毫希（衡量辐射对生物组织伤害剂量当量的单位），当然应尽量远离该限值。来自空气中氡气的辐射剂量就占了 1.16 毫希，接近每个人可接受剂量限值的一半。氡气主要来自土壤及各种建材，是迄今已知的诱发肺癌的第二重要元凶。其次，还应关注食品、饮用水中的放射性核素含量。有人患病迷信"片子"诊断，一年内多次要求拍摄 X 光片（CT 片），对人体也会产生辐射剂量累积。房屋装修中的艳丽石材往往隐藏着电离辐射的风险。

95

48

身份证、银行卡和交通卡是怎样储存信息的

　　许多人有过这样的遭遇，信用卡或者银行卡放在笔记本电脑下面的桌子里，过了一阵之后去自动取款机上取钱，发现卡不能用了，去银行才知道，原来是卡被电脑产生的磁场消磁了。为什么银行卡会被消磁呢，银行卡是怎样工作的呢？

　　银行卡属于磁条卡。磁条是由一层微粒磁性材料组成的，被黏合在塑料卡基上。记录设备的磁头是由内部有空隙的环形铁芯和绕在铁芯上的线圈构成的。要把信息记录在银行卡上时，将银行卡的磁条和记录磁头的空隙相接触，并以一

定的速度移动磁条。磁头的线圈一旦通上电流，空隙处就产生与电流成比例的磁场，于是银行卡与空隙接触部分的磁性体就被磁化了。银行卡被磁化之后，离开空隙的磁条就留下相应于电流变化的剩磁，这样数据就被储存在了卡上。反之，读取数据时，读卡器里的线圈切割磁条产生的磁场，产生感应电动势，输出上次记录过的信息。因此，要注意不能将银行卡之类的磁性卡片放在磁铁或是强磁场附近。

为了克服消磁带来的困扰，现在更多的卡片开始使用非接触式 IC 技术。拆开卡片会发现，里面有金属线圈和一个圆形或方形的黑色芯片，这就是 IC 卡的核心部分。

身份证、交通卡属于非接触式 IC 卡。非接触式 IC 卡由卡基、天线和专用芯片组成。读写器将信息编码后加载到固定频率的载波上，这些加载的数据信息由卡内的射频接口模块解码，由控制单元判断处理，最后对可编程存储器内的数据进行读或写，这样就实现了个人信息的储存或修改。

知道了卡片的工作原理，你就懂得了怎么样来保护我们手中的卡了吧。

49

LED 会成为主流的节能光源吗

单个 LED 功率极小，一般只有 0.03 ～ 0.06 瓦，由于驱动电压低、电流小，发出的光自然也非常弱，没法用来照明。不过 LED 有很高的发光效率，也就是产生同样亮度的光，它所耗费的电比其他传统灯类要少，这个优势完全符合节能低碳的方向。人们把几个、十几个甚至几十个微小的 LED 发光器件构成组件，就能发出同单个白炽灯或荧光灯一样明亮的光。这种实用的 LED 灯具可以比同亮度的节能灯省电 50% 以上，随着技术的进步，它必将拔得"未来光源"的头筹。

由于 LED 是固体直接发光，因此结构简单且坚固，没有易损部件，热耗低，寿命特长。理论上，单个芯片的寿命可达 10 万小时，但实际应用的 LED 灯具往往是几十个芯片的串并联组合，且还带有供电电源，因此组合后 LED 灯具的寿命约 5 万小时。即便如此，也远比白炽灯（约 1000 小时）、节能灯（约 1 万小时）的寿命长得多。

　　LED 对环境基本无污染，环境适应性强，还可随意组合，显示效果极富感染力。这些优点使 LED 能够取代多种传统灯具，适用于几乎所有室内外环境和不同领域的照明。LED 可与物联网和云计算技术相结合，达到"自适应照明"的目标。因此，LED 又被称为世纪新光源，是 21 世纪最具发展前景的高技术领域之一。

50

提倡错峰用电仅仅是为了节约电费吗

大家都知道，现在不少地方实行了错峰用电。居民在用电低谷期用电，电费要比在用电高峰期便宜，如在上海，早上 6 点到晚上 10 点，电费为 0.6170 元 / 千瓦时；晚上 10 点到早上 6 点，电费仅为 0.3070 元 / 千瓦时。

错峰用电给居民带来了实惠，居民节省了电费。然而，错峰用电的意义不限于此。

错峰用电，指错开用电高峰期用电，根据电网负荷特性，通过行政、技术、经济等手段，将电网用电高峰时段的部分负荷转移到用电低谷时段，从而减少电网的峰谷负荷差，优化资源配置，提高电网安全性和经济性。许多大城市或者工业城市因用电紧张供电不足，在用电高峰期，供电部门为了保证职能部门、医院、学校等的正常用电，对企业、区域用电户进行用电时间的调整，错开分配；对某些企业、工厂在一定的时间内停止供电，如某些工厂周一、周三停电，调整

晚上10点以后用电

关机

06:00-22:00

22:00-06:00

到周日用电、夜间用电等。

　　采取错峰用电，降低了高峰用电负荷，可优化电力资源配置，提高电力供应整体的效率与效益，节约能源，最终降低用电成本，对于用电企业、家庭和经济的可持续发展都有重大意义。

　　知道了为什么要错峰用电，我们就能更科学、更合理地用电。错峰用电降低了我们的电费支出，并不意味着我们可以放开用电，甚至浪费电。我们还是要节约用电，尤其是配合降低用电高峰期的用电负荷，例如使用节能型和避峰型家用电器，家用电器不用时切断电源，避免待机时的耗电，及时更换过了使用期限的电器等。

51 为什么要提倡绿色能源

　　能源是能够生产能量的物质，如燃料、阳光、风等。从某种意义上讲，人类社会的发展离不开优质能源的出现和先进能源技术的使用。绿色能源也称为清洁能源，通常指可再生能源，如水能、生物能、太阳能、风能、地热能和海洋能。这些能源消耗之后可以恢复补充，很少产生

污染。不过，广义的绿色能源也包括对生态环境低污染的能源，如天然气、清洁煤、核能等。

联合国政府间气候变化专门委员会多次表示，各国应更多地使用可再生的绿色能源，以防止全球性的气候灾难。大规模地开发利用绿色能源，大力鼓励绿色能源进入能源市场，已成为世界各国能源战略的重要组成部分。中国绿色能源资源丰富，开发利用潜力很大。据测算，在今后二三十年内，具备开发利用条件的可再生能源预计每年可达 8 亿吨标准煤。

知识链接

主流的绿色能源有哪些

在所有绿色能源中，最受重视且技术相对成熟的是太阳能、风能、水能和核能，它们主要用于发电。太阳能是太阳内部发生核聚变而产生的辐射能，主要通过阳光输送到地球。地球吸收的太阳能有 1% ～ 3% 转化为风能，风能是地球"与生俱来"的丰富资源。水能是水的流动形成的，在落差大、流量大的地区，水能资源丰富。与原子核反应有关的能源是核能，它来自于地壳中储存的铀、钍等发生裂变反应时的核裂变能，以及海洋中储藏的氘、氚、锂等发生聚变反应时的核聚变能。

52

为什么要开展"无车日"活动

随着现代城市的迅速发展，交通问题变得日益突出，许多大城市的道路建设远远滞后于车辆增加的速度，由此带来的交通阻塞、废气和噪声污染、车祸频发、能源供应短缺等问题，已经成了影响市民生活和城市发展的顽症之一。

近些年来，许多地方都开展了"无车日"活动，就是在一年的某一天，在一定的范围内，提倡不开公务车或者私人汽车，改为步行、骑自行车或乘用公共交通工具出行。活动的目的，是为了提醒人们关注城市的交通现状，自觉减少能耗，采用更为绿色的交通方式出行。无车日当天的道路交通和空气质量有了很大的改善，人们享受到了梦寐以求的清新空气和相对宁静的环境。当然，一年一天的无车日只能起到宣传和示范的作用，其效果是让市民从一天的体验中，唤起对绿色出行理念的渴望和追求。

那么，怎样做才算绿色出行呢？其实很简

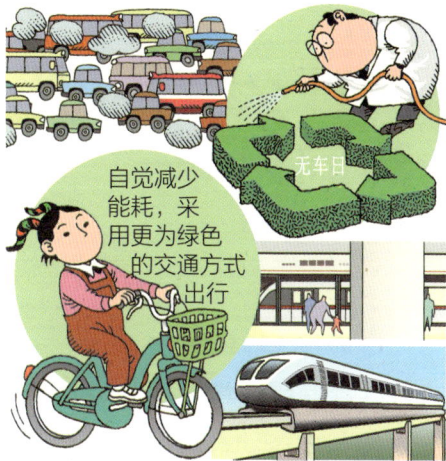

自觉减少能耗，采用更为绿色的交通方式出行

单，那就是根据出行路程和时间的要求，选择最节能环保的交通工具。

对于中长距离的交通来说，铁路和轨道交通的低碳优势是明显的，应当是绿色出行的首选。尤其应该指出的是，中国开发的具有世界水平的高速铁路系统不仅方便快捷，而且能耗更低，二氧化碳排放更少。每位乘客搭乘时速300千米的高速列车行驶100千米的能耗仅为3.6千瓦时，是大客车的30％、小汽车的12％、飞机的10.8％，人们把它誉为"陆上航班"，它足以替代高能耗高排放的飞机用于国内长途客运。

作为一种短途的交通工具，自行车是当之无愧的绿色出行工具。其实在很多时候，如果每次出行的距离不超过5千米，用自行车替代小汽车是非常适宜的，这样就在耗能、碳排放、污染等各个指标上从高端直接降为零，而且既可以让出行者锻炼身体，又可以减轻城市交通拥堵。

53

为什么"嫦娥"要奔向月球

　　月球是离地球最近的星球，上古人类就对月球有了种种遐想和传说。千百年来，"嫦娥奔月"的故事脍炙人口。21世纪初，真正的奔月已在中国成为现实。

　　世界各国探测月球的目的大同小异：一是更深入地开展科学研究，例如追索月球、地球乃至整个太阳系的起源与演化；二是调查和开发月球资源，例如利用月球上的氦-3作为核聚变原料，可满足全人类上万年的能源需求。

　　美国的"阿波罗登月计划"，于1969—1972年先后将6批共12名航天员成功送上月球并安全返回地球，成为人类探月的第一个高峰。21世纪来临之际，美国、欧盟、中国、日本、印度等国家或组织相继提出新的计划，人类探月进入新的高潮。

　　中国的探月计划——"嫦娥工程"，分"绕、落、回"三步进行。绕是发射探月卫星，让它在绕月轨道上对月球表面进行探测。落是让着陆器在月球表面软着陆，并释放月球车进行局部活动。

回指着陆器完成月面样品采集后，从月球表面发射返回舱将样品安全送回地球，以便在地球实验室中详细分析研究。

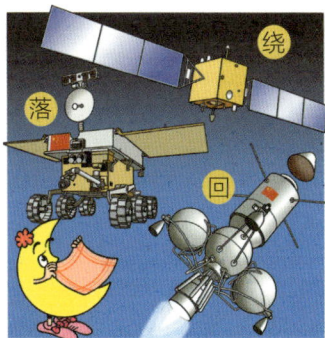

2007 年 10 月 24 日"嫦娥"一号探月卫星发射成功，2010 年 10 月 1 日"嫦娥"二号升空，它们出色地实现了"绕"的预定目标。2013 年 12 月 14 日，"嫦娥"三号携带"玉兔"号月球车成功地"落"到月面上。如今，"回"也提到了议事日程上。

中国的"绕、落、回"三部曲是不载人的"探"月，这只是整个探测的第一阶段。第二阶段将是载人"登"月，再往后是第三阶段"驻"，即建立可供人长期驻守的月球基地。

前沿档案

首战告捷

"嫦娥"一号的丰硕科学成果，主要有四个方面：获取全月球影像图；分析月面物质成分与分布；探测月壤特征；探测地月空间环境。如今，科学家仍在继续分析头几个"嫦娥"探月卫星取得的宝贵资料。

54

智慧城市"智"在哪里

　　随着城镇化的加速发展，城市将承载越来越多的人口，人口密集、交通拥堵、住房紧张、污染加剧、生态环境恶化成为城市的通病。为解决城市发展难题，智慧城市应运而生。

　　智慧城市运用信息和通信技术手段感测、分析、整合城市运行核心系统的各项信息，对包括民生、环保、公共安全、城市服务、经济活动在内的各种需求作出智能响应。它利用先进的信息技术，实现城市智慧式管理和运行，保障城市健康和谐发展；利用智慧城市技术手段，提升经济运营效力、降低运营成本；智慧城市便民、利民、惠民，为居民创造更美好的生活。

　　进入 21 世纪以来，一些发达国家相继开展智慧城市建设。2009年，在美国迪比克市建立起第一座智慧城市。在一个有6万居民的社区里，利用物联网技术，将各种城市公用资源（水、电、油、气、交通、公共服务等）联接起来，监测、分析和整合各种数据，作出智能化响应，以方便市民的生活，最有效地利用资源。如在用水用电方面，为所有住户和商铺安装数控计量器，及时对数据进行分析、整合和展示，使整个城市对资源的使用情况一目了然，无论是个人还是企业，对自己的耗能都有清晰的认识，对可持续发展有更多的责任感。

瑞典、芬兰、新加坡、韩国等国家也开启了建设智慧城市的计划。2013年，美国俄亥俄州的哥伦布市、芬兰的奥卢、加拿大的斯特拉特福和多伦多、爱沙尼亚的塔林等七座城市被评为"最佳智慧城市"。

自2012年以来，我国先后启动了三批智慧城市的试点工作。目前我国已经有超过500座城市在进行智慧城市试点，计划投资规模超过万亿元。智慧城市的试点规范是为了引领新型的城市化进程，实现低碳、智慧、幸福及可持续发展的城市化，实现以人为本、质量提升和智慧发展的城市化。

55

物联网是怎样把世界联系起来的

　　让我们想象一下这样的场景：护林员坐在千里之外自己家里看护山林，一旦哪里燃起了山火，他可以遥控直升机前去灭火；消防员可以不再等待求救电话，因为城市里任何区域的温度异常，都会显示在他们的手机屏幕上；当患者感觉身体突发不适时，也不用拨打紧急电话，因为医院已经同步得知患者的身体状况，并且派出携带对症药品和器械的救护车；在我们把车开进自家车库时，汽车可能会告诉房间该亮起灯了，还会通知炉子开始加热饭菜，然后告诉浴室的显示器准备播放昨晚录下的新剧集。这些听起来充满科幻色彩的情节，物联网都能做到。

　　"物联网"是在 21 世纪才出现的新词，它的英文名字是 Internet of Things，直译过来就是"物品的互联网"。显然，它是在互联网基础上扩展出来的新概念。我们已经知道，互联网最重要的用途，是把世界各地的人们联接起来，让他们可以无障碍地交流和沟通。而物联网则是要把全世界的物品都联接起来，让它们也能沟通交流。

物联网的发展，是建立在近年来计算技术和微电子技术进步基础之上的。现在我们已经可以制造出各种各样的微型设备，利用它们把正在发生的一切尽收眼底，并且随时生活在最好的状态中。物联网的目的就是通过为每一个

压力传感器　加速度传感器

湿度传感器　液位传感器　位移传感器　光敏传感器

红外线传感器　激光测距传感器　温度传感器

振动传感器　气压传感器　气敏传感器

物品分配一个编号并借助机器的感知，把承载数据的信息网络变成地球的神经系统。

物联网的技术基础是无线射频识别技术（RFID）、微型传感器和无线宽带网络，这三者都已经发展成熟。今天我们使用的第二代身份证、公交一卡通，甚至许多学校或者公司的饭卡，都采用了无线射频识别技术。这些卡，其实只是把储存着唯一编号的微小芯片和天线封装在一起的不带电源的标签，也就相当于每件物品拥有的特别的名字。

只有名字是不够的，更重要的是了解它们的状态，传感器就能够完成这样的工作。人们甚至意识不到现在有多少传感器遍布在我们周围。树木上安装的温度传感器可以探测森林火灾，桥梁上安装的振动传感器可以监控桥梁强度，甚至你手中的智能手机里也可能安装了五种以上的传感器。通过传感器侦测温度、湿度、重力、声音和图像，人们可以得到一件物品所有的细节。

传感器接收到的信息，还需要通过网络传输给控制者。下一代移动通信技术已经可以瞬间完成大量的数据传输。当 RFID 和传感器结合的时候，我们就得到了一个微小的终端。它会标记出物品的身份和状态，通过无线网络或者有线网络，千里之外的人可以如临现场般掌控全局。至此，物联网的技术基础已经构建成形。

现在，我们已经有了一些城市级的物联网应用：新加坡陆路交通管理局利用电子眼和扫描系统的数据分析，对路况预测的准确率达到了85%，有效减少了堵车状况的发生；在瑞典首都斯德哥尔摩，安装了一种能够自动拍照识别和自动扣款的不停车交费系统，使城区交通废气排放量减少了8%以上；德国和美国几家汽车公司正在开发中的车—车信息通信系统，可以将其他汽车获知的信息传递到自己面前，从而获取更好的行车路线，降低能耗和排放，甚至完全避免车祸的发生。

踏入信息时代以来，人类的生活发生了很大的变化，更方便、更智能、更强大的信息工具已经成为我们生活中不可或缺的一部分。而把这一切联接在一起的物联网，将引领我们走向一个充满无限可能的未来。

56

社区居民可以用移动互联网做些什么

移动互联网是一种通过智能移动终端，采用移动无线通信方式获取业务和服务的新型网络形态，终端包括我们大家经常使用的智能手机、平板电脑、电子书等。移动互联网融合了移动通信随时、随地、随身和互联网分享、开放、互动的优势，是新一代互联网的"升级版本"。

移动互联网给社区居民的工作和生活带来了极大的便利。

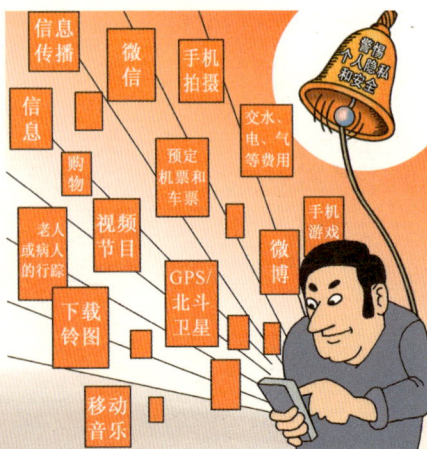

利用移动互联网进行通信。即移动通信，它不受时间、空间的限制，我们可以随时、随地通信。智能手机做到了 24 小时全天候在线。以前几乎没有一个互联网的服务可以做到随时在线。

利用移动互联网获取信息。互联网做到了高速度、高容量、在大范围内进行广泛的信息传播。我们利用移动互联网越来越多地从自己的好友、同事、同学那里获取信息。使用移动互联网可以随时随地获取急需的信息，以解燃眉之急，完成即刻要做的事情。

利用移动互联网的支付服务。移动互联网具有业务的管理与计费能力，已成为完善的多功能计费服务体系，远程支付和近场支付的技术日趋成熟，并且能做到永远在线服务。我们可以随时随地通过移动支付在网上缴纳水电气等费用以及购物等。

利用移动互联网的定位功能。利用智能手机的定位功用，我们外出时可以很方便地到达目的地；我们应用微博、微信、手机拍摄等，都携带了位置信息，这些位置信息可以使同事和家人随时随地知道我们的行踪。老人和病人走失时，我们可以方便地找到他们。

利用移动互联网还可以方便地下载铃声、图片、音乐、视频、游戏等，大大丰富了业余生活。

我们利用移动互联网还可以做很多事情。然而它所带来的负面效应，如过度依赖症、个人隐私和信息安全问题，都是值得我们警惕的。

57

发达的人工智能可能是一个真正的危险吗

人工智能指研究、开发并扩展人的智能的新学科，既是计算机科学的一个分支，也指能以与人类智能相似的方式作出反应的智能机器。说穿了，人工智能是对人的意识、思维过程的模拟。尽管它不是人的智能，却能像人那样思考，能完成财务查账、疾病诊断、危险操作，甚至使盲人恢复阅读能力……随着大数据的运用，将其与相关算法结合，人工智能便具备了深度"自我学习"的本领，可以模仿人脑神经元处理海量数据，"自己教自己"如何去执行一些过去只有人脑才能完成的任务，如驾驶无人飞

你再聪明，还得听我指挥。

机与汽车等。这就给警醒的人类带来了很大的疑虑：发达的人工智能技术对人类社会的终极影响将会怎样？

客观地分析，目前人工智能技术仅局限于某一具体领域的特定能力，能"形似"地模拟人脑，但不具备范围广泛且灵活变通的人类思维能力，也不具备人类的自主性、欲望与情感。但科学的进展是难以预测的，毕竟人工智能正在飞快地向自我学习、自我决策等高级认知层次演进。有朝一日机器是否会拥有比人类更灵敏的认知能力？拥有与人类冲突的利益观？甚至主宰人类……难怪霍金也会提出：人工智能可能是一个"真正的危险"。

直面迅猛发展的人工智能，激起人们对其负面效应的谨慎和担忧是毫不奇怪的。毕竟人工智能须接受人类伦理的监督，其研发者虽无法预见所有情形，但至少要作出在危急时刻能及时终止设计的超前安排，这是科学工作者必须具备的人文精神。我们并不赞同对人工智能的过度忧虑而导致研究上停滞不前，在关注人工智能可能带来危机的同时，还要看到其无可估量的学术价值和经济效益。预见问题总比视而不见更理智。

58

3D 打印将如何改变我们的生活

给主人打印一把座椅。

　　家里来客人了，发现缺一把椅子，通过 3D 打印机随手打印一把。突然发现自己该换一把牙刷了，10 分钟后一把牙刷就在 3D 打印机中出现了。听起来像是在做梦吧？随着 3D 打印机的出现，我们的梦想将逐步变为现实。如今，3D 打印逐渐步入生活，可以打印出我们所需的日常生活用品。

　　3D 打印走进我们生活的脚步，将越来越快，甚至会爆发出几何增长级的能量。食物、玩具、服饰、艺术品、人造假体、交通工具、房子，都可以是它的杰作。在未来，人人都可以是设计师，利用 3D 打印技术在家里制造出各种各样属于我们自己的个性化用品。

有人预测，未来的家具生产商将不再需要设计千篇一律、缺乏新意的产品，而是由顾客提供自行设计的产品图。购物网站可能只需要提供产品设计图，由顾客在家自行打印成品，从而大幅减少运费。

3D 打印技术还将极大地影响人们未来的职业选择，因为一些专家预测，3D 打印极可能引发新的工业革命。3D 打印看似是单机分散式生产的回归，其实是与分布式能源技术、互联技术、新材料等多种齐头并进的高新技术结合。3D 打印技术是制造方式和手段的革命化创新，代表着未来制造业信息化、智能化的发展方向。

知识链接

什么是 3D 打印

简单地说，3D 打印就像我们平时把电脑中的文档打印出来一样，只不过我们平常所用的打印机是把文字和图像打印在纸张或其他介质上，是一种平面的打印过程，而 3D 打印是把电脑中的立体图像直接打印成一个真实的物品。3D 打印机按照电脑图像的结构，将材料一层层叠加起来，最终把电脑图像变成实物。

59

建筑物是怎么保护我们的

建筑物为人类遮风挡雨，住在其中人们会感到安全和舒适。那么，建筑物通过哪些途径来满足人们安全的需要呢？换句话说，建筑物的安全性能到底体现在哪些方面呢？

在一般情况下，建筑物的安全性能主要体现在结构牢固，能抗震、抗风、防雷、防火等方面。

建筑物是由墙体、柱子、梁、屋面和门窗等部分组成的，当每个结构件都达到一定强度以后，建筑物也就具备了一定的强度。建筑物的承重体系由墙体、柱子和梁组成，墙体包括承重墙和非承重墙，承重墙是用来支持其上部分的重量的，非承重墙则起到围护和分隔空间的作用。如果是低层建筑，承重墙一般由砖块或混凝土材料砌成。超过6层的建筑物一般由梁和柱子来组成承重体系，材料一般为钢筋混凝土或钢材。楼板承载结构件之外物体的重量，也由钢筋混凝土或钢材制成。屋面则是围护结构，它应该具备防

水、保温、隔热和隔声的功能。结构件的安全主要依靠钢筋混凝土、钢材的强度来保证。

根据地理位置的不同，人们对建筑物规定了不同的抗震等级的要求，中国大部分地区的建筑物设防烈度是8度，可抗6级地震。提高抗震等级则需要加大柱子和梁的尺寸，增加它们的数量。要做到这一点，既要选更粗的钢筋，增加钢筋的数量，也要增加混凝土的强度。

火灾是人为引起的灾害，发生火灾的概率要比发生自然灾害的概率大得多。所以，在造房子以前需要进行专门的消防设计，设计应规定建筑物的耐火等级，对建筑结构件及建筑材料等的燃烧性能（指在明火或高温的情况下着火的难易程度）和耐火极限（指从着火开始到失去支持能力的时间）也有严格的规定。

另外，在建筑物内部应设计、安装警报装置和自动喷淋装置，装置的末端就装在各个使用空间内。至于在建筑物墙上设置红色消防栓和灭火器，则更是必不可少的。

一些大型公共建筑（比如商场）之中，还设置了防火分区，一片区域着火了，就把防火卷帘放下来封闭这片区域，不让火势蔓延到其他地方。建筑物中都设计了安全疏散系统和专门的消防楼梯，着火后在场的人可以安全逃生，消防员则可以及时赶来救火。

为了防雷，稍高的建筑物屋顶上都装有避雷针，避雷针连着避雷系统，可以安全将雷电引入地下。而防风的工作则比防雷更有讲究。比如，上海浦东机场T1航站楼入口处有很多拉杆拉着屋面，那就是用来防风的。因为机场靠近海边，风很大，而航站楼入口的悬挑又很长，很容易被风掀起。

建筑越高对风越敏感，100米以上的建筑，人在其中已能感到它在轻微地摇摆，像上海金茂大厦这样的高度，屋顶的位移可达到 0.8 ～ 1.5 米。为了降低风对高楼的影响，可以把建筑物设计成下大上小的塔型结构。事实上，很多高层建筑都是越往上收得越小，这样做既是为了降低建筑物的重量，也是为了减小风对建筑物的影响。

另外，在建筑物上加装风阻尼器也可以取得不错的效果。中华台北 101 大厦在 87 ～ 91 楼层就挂了一个重达 660 吨重的起风阻尼作用的巨大钢球，调整钢索的摆动长度，可以使风阻尼器与大楼的摆动周期一致，方向相反，从而最大限度地抵消大楼的摆动量。上海环球金融中心也在第 90 层安装了 2 台起类似作用的风阻尼器。

人们可能会在某些建筑物中生产可燃气体或易燃物，稍有不慎，就容易发生爆炸事故，因此，在设计和建造的时候就要对此类建筑提出防爆要求。这类建筑一般设计为单层，整个建筑都需要达到防爆要求。在这类建筑物中，砌上了防爆墙，还要安装防爆窗、能泄压的轻质屋盖等，以求万无一失。此外，根据不同的建筑功能需要，建筑还能够防核辐射、防电磁波等。

60

新能源汽车"新"在何处

　　汽车工业的迅猛发展，虽然大大便捷了人们的交通和运输，但也在快速消耗着大量的化石能源。仅在中国，要不了10年，汽车的保有量将达到近2亿辆。这么多的汽车，一年大约要"喝"掉2亿吨汽油！汽车耗油的同时，还会排出大量尾气，造成越来越严重的空气污染。

　　能源消耗和环境污染两大难题，使得汽车的发展和使用面临着巨大压力。解困的出路，或许在于新能源汽车的发展。所谓新能源，一般指传统化石能源以外的各种新型能源方式，包括太阳能、风能、核能等。对于使用新能源作为燃料的汽车来说，则主要指采用汽油、柴油以外的其他能源作为动力的汽车，如纯电动汽车、燃料电池汽车和其他新能源汽车等。其中，纯电动汽车大多采用新型蓄电池作为能源，太阳能电动汽车也属此类，因为太阳能汽车是通过将太阳能转化为电能来驱动车辆的；燃料电池汽车则主要靠氢

氢发动机汽车
混合动力汽车
燃料电池汽车
纯电动汽车

气、甲醇等通过化学反应而不是燃烧来产生电流，再通过电机驱动；除此之外，天然气、液化石油气、甲醇、乙醇等，也成为替代汽油的能源，在作为汽车燃料方面进行了尝试。

新能源汽车之"新"，不仅在于这些能源的类型是不同于以往的新能源，还因为它们大多对环境友好，达到了废气的零排放或低排放，使得空气更清新。这些汽车虽然大多仍保持传统汽车的外观，但内部结构尤其是能源产生装置和动力系统的结构，已发生了根本性变化，堪称全新。

在新能源汽车的研发中，取得实质性进展和推广的，是一大类混合动力汽车。这类汽车仍采用了部分传统燃料，但又装置了电池和电动机，或同时使用另一类较为清洁的能源，这样一来，两种能源可根据实际需要交替使用，相互弥补，一方面改善了汽车的动力，另一方面减少了对传统能源的消耗，废气排放也得到明显改善。

125

61

全球变暖是人类活动造成的吗

全球气候变暖，是地球积蓄的热能逐渐增加，致使地球平均气温变幅加大的过程。它的影响已在世界各地显现，例如南北两极冰架和高山冰川的融化，导致全球海平面的上升。如果这一趋势得不到遏制，那么像海拔仅 1.5 米的马尔代夫这样的岛国，有朝一日就会没入海中。

如果气候变暖继续加剧，全球的水循环过程也将发生变化。缺乏淡水将导致粮食减产，这对人类来说是生死攸关的问题。随着全球气候变暖，异常天气频繁发生，超级台风、森林火灾、干旱、洪水等的强度也越来越大，对人类生存造成了很大威胁。然而，究竟是什么原因导致了全球变暖呢？

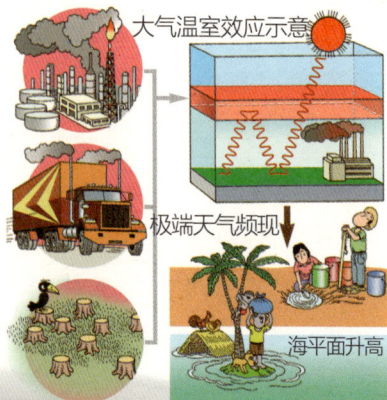

大气温室效应示意

极端天气频现

海平面升高

权威评估

全球变暖

据 2007 年联合国政府间气候变化专门委员会评估，在 1906—2005 年的 100 年间，全球地表平均温度上升了 0.74℃，其中后 50 年就上升了 0.65℃。气候变暖导致积雪和积冰大面积消融，使全球海平面在过去 100 年内上升了约 0.17 米，近 20 年已达到每年上升 3.1 毫米！

大家知道，汽车在阳光下久晒，车内温度就会比外面高出许多。这是因为汽车玻璃让太阳光进入车内，又阻碍了热量往外散发。养花种菜的温室，也起着同样的作用。地球大气层就像一个巨大的温室，使地球表面维持一定的温度，这就叫作地球大气的**温室效应**。造成温室效应的气体，称为**温室气体**，包括二氧化碳、甲烷、臭氧、水蒸气等。自 1750 年欧洲工业革命以来，人类越来越多地使用煤炭、石油等化石燃料，把大量二氧化碳等温室气体排入大气，导致大气温室效应加剧，这很可能就是全球变暖的根本原因。特别是最近 50 年，大气中二氧化碳的浓度增长得很快，地球也随之同步升温。联合国和包括中国在内的许多国家对这一问题高度重视，并协商作出多项决议，以期使局面得以缓解。

62

地球究竟能养活多少人

为了养活世界上不断增加的人口，人类不得不加大对自然资源的开发利用。按目前消耗资源的速度，到 2050 年将消耗掉两个地球的自然资源。我们面临一个严峻的问题：地球最多能养活多少人？

美国人口学家科恩于 1996 年出版了专著《地球能养活多少人》，对近 400 年来人们对地球承载力的研究进行了梳理。他发现，不同学者的看法存在极大的差异。有人认为人口已经超出了地球能够承载的数量；还有人认为短期的极限值是存在的，但随着科学技术的进步和社会制度的完善，会将极限值不断推高。上述不同观点是依据不同的

理论和计算方法得到的，科恩得出结论：无法预言地球的承载能力，因为涉及的因素太复杂了。

在科恩之后，不少科学家认为还是能用科学方法计算地球的承载力的。有生态学家从生物圈能提供的食物量来计算，人类以吃植物为生，虽然也吃肉类，但被吃的动物也是靠吃植物生存的。一个人每天需从植物那里获得9.2千焦的能量才能较好地生存，这样估算，地球能养活8000亿人口。但是地球上的植物不可能全部变为食物供人类利用，能为人类享用的那部分只占植物总生产量的1%。因此，地球上最多养活的人口不是8000亿，而仅仅是80亿。

中国科学院国情分析研究小组按我国的粮食产量、土地资源、淡水和动物蛋白供应情况进行研究，得到我国人口的生态理想负荷能力为7亿～10亿人口。

其实，提出"地球上最多能养活多少人"这个问题，其意义不在于在数量上给出精确的答案，而在于唤起人们的忧患意识：世界人口按目前的增长速度发展下去，食物和其他资源短缺的压力必将与日俱增，人类在地球上要有质量地生存，必须注意人口与资源、生态与环境的协调与可持续发展。

63

星座能决定人的命运吗

他们喜欢把什么都跟我们扯上关系。

古代人为了方便辨认星星，就把位置比较靠近的星星归成一组，称为一个星座。古代生活在西亚的苏美尔人早在公元前 3000 年左右就已经开始划分星座了。到古希腊时代，已经形成一个包括 40 多个星座的星空体系。这些星座的名称，和古老的神话传说紧密相连，一直沿用到了今天。

如今国际上通用的星座体系，是国际天文学联合会于 1928 年确定的。它一共包含 88 个星座，每个星座都是一个有着明确边界的固定范围，有如地图上每个国家都有确定的国界一般。不少星座沿袭了古代的名称，其实形象和名字称得上"般配"的星座只是极少数，狮子座可算是典型的一例。

中国古人早在周朝以前，就把群星划分成许多"星官"，意思大致和星座相仿。后来，又进一步演变为"三垣二十八宿"的星空体系。虽然如今国际上已经采用统一的星座体系，但是我国人民谈到那些星宿的名称时依然感到亲切而有趣。

在科学技术还很落后的古代，人们在大自然面前显得软弱无力。于是古人就把许多事情归结为"天意"，并且试图从星象中窥测它的隐秘，这就是所谓的占星术。其实，无论古今中外，星座如何划分和命名，完全是由人决定的。占星术却主张人的命运由星座决定，这就完全本末倒置了。早在200多年前，法国著名学者伏尔泰就说过："迷信是傻子遇到了骗子的结果。"占星术就是一种迷信，我们不应该相信它。

知识链接

黄道星座

最晚在公元前13世纪，古巴比伦人已经把黄道附近的星座确定为12个，即如今人们依然熟悉的白羊座、金牛座、双子座、巨蟹座、狮子座、室女座、天秤座、天蝎座、人马座、摩羯座、宝瓶座和双鱼座。

64

怎样识别和抵制伪科学

今天，科学以其认知权威赢得了巨大的声望，一些人动起了歪脑筋，他们打着科学的旗号，却干起"挂羊头卖狗肉"的勾当。

有人宣称具有特异功能，用耳朵能识字，用意念能发功，鼓吹建立"特异人体科学"进行研究。

20 世纪 80 年代，有人声称用简单的方法就可以使水变成油，从而节省大量的燃料，一些媒体把它称为中国的"第五大发明"而广泛宣传，相关部门拨巨款资助这项实验，虽然骗局最终被揭穿，但国家财产已蒙受巨大损失。

有人在电脑上对电子游戏进行改造，游戏画面变成预测命运的一组文字，利用这种游戏进行"科学算命"，许多人对此深信不疑，结果被骗走了钱财。

社区居民对以"高科技产品"名义推销的营养保健品已屡见不鲜；对标榜为传统医学，兜售所谓"祖传秘方"和"回春良药"的也司空见惯，上当受骗者不在少数。风水先生时不时会上门看住宅，假借"环境科学"的名义，预测凶吉，圈走业主的钱物。

伪科学，是打着科学旗号的错误主张和说教。极力宣扬伪科学的人别有用心，他们假借科学的名义，宣扬封建迷信，诈骗钱财，坑害民众，危害国家，对此我们要高度警惕。

我们要识别和抵制伪科学，就必须知道它和科学的区别，把握住它的特征。

伪科学的学说不是建立在牢固的科学基础上。

伪科学拒绝实验检验，事实上是它经不起检验。

伪科学拒绝批评，它不能从新的科学发现中汲取养料，不会及时纠错、修正和完善而取得进步。

与科学不同，伪科学不是为了认知，不是要建立检验和描绘现实的理论体系，而是具有功利性的、甚至是不可告人的目的。

伪科学凭借杂耍、魔术和某些技能来欺人耳目，然而它与魔术不同，它把自己描述成科学；与技能也不同，它缺乏科学理论支撑。

65 社区居民为什么要懂点科学方法

　　我们知道，科学活动是探究未知的过程，科学工作者按科学问题确立研究课题，按课题收集和整理事实材料，然后对事实材料进行思维加工，提出科学假说，对假说验证后建立科学理论。在科学探究的每一过程中，都要应用科学方法，如选题的方法、收集资料的观察和实验方法；而进行思维加工要用到演绎、归纳、想象、类比、直觉等方法。

　　掌握科学方法，是公民必须具备的科学素质。我们在工作、学习和生活中都会遇到问题，如何形成对问题的理性认识，找到问题的答案，提出解决问题切实可行的方案？学习科学方法能得到有益的启发，给我们的工作、学习和生活带来便利。

　　例如，现在我们都注重养生，如何做到饮食合理健康、均衡营养？这需要调查，确定不同的年龄、性别、身高、体重、劳动强度对食物的不同需求量和不同的搭配，制定合理的膳食制度，经过一段时间的观测，看取得的效果，再进行调整。又如，我们怎样有效地锻炼身体？这必须

股票行情

个人理财，视具体情况选择不同的理财策略。

选择理财策略

饮食营养均衡

科学锻炼身体

遵循科学锻炼的规律，要了解各人身体健康的各项指标，确定不同的运动量，选择适宜的锻炼内容和方法，制定适合的锻炼计划，持之以恒，才能取得最佳效果。再如个人怎么理财？理财涉及的方法主要有两方面：一是对人生的不同阶段的具体问题做具体分析，选择不同的理财策略；二是对于各种理财的方式进行比较，做出选择。再如，我们怎么提高警惕破除迷信？科学方法提示我们，在识别迷信时，一看能否被检验，迷信从来不可能被真正地检验，它们找各种借口回避检验；二看结果能否重复，科学结论在一定的条件下都能再现，而迷信一会儿是这样的结果，一会儿是那样的结果，有时得到的结果互相矛盾。

为什么要崇尚科学，但又不迷信科学

　　科学是人类社会实践活动之一，它深入探究和系统总结关于自然的知识。科学工作者要有效地开展探究未知的活动，必须采用科学方法，必须具有求真、求实的科学精神；他们得到的知识体系，是关于自然界的真相、本质和运动变化规律的、经得起实践检验的真理体系。我们崇尚科学，其实就是相信科学方法，推崇科学精神，崇尚科学真理和科学思想。

　　科学为人类更有效地利用技术改造自然提供理论指导。科学技术推动了社会生产力的发展和人类精神文明的进步。我们崇尚科学，就是把它作为推动社会发展的重要力量，清醒地认识到科学在世界的经济、政治、军事乃至文化竞争中的重要战略意义。

　　我们崇尚科学，但又不迷信科学。科学认识活动得到的真理是相对真理，有它的局限性。哥白尼 1543 年建立起日心宇宙模型，这比起地心模型要进步，然而他错误地把行星轨道设想为完美的正圆形；开普勒把行星轨道修正为椭圆形，得出行星运行定律；牛顿最终建立万有引力定律，

开普勒太空望远镜

圆满解释了行星运行的规律，日心宇宙模型最终确立，牛顿力学被奉为经典。然而，到了19世纪末，人们发现在高速运动领域和微观领域，牛顿力学暴露出其局限性，这导致了相对论力学和量子力学的诞生。我们不迷信科学，就是不在科学已有的认识水平上故步自封，促使人类探索未知的活动不断深化和拓展。

科学技术在推动社会进步的同时，也带来了令人困扰的全球问题：人口剧增、过度耗费资源、破坏生态、污染环境等。我们不迷信科学，就是要清醒地认识到，科学技术的应用是双刃剑，我们在促进科学技术发展的同时，要尽力消除其负面效应，做到科学技术与自然、经济和社会的协调和可持续发展。

提高公民科学素质 建设创新型国家

坚持把抓科普工作放在与抓科技创新同等重要的位置，不断提高我国公民科学素质，

为实现到我们党成立100周年时进入创新型国家行列、

到新中国成立100周年时建成科技强国的宏伟目标，

奠定更为坚实的群众基础、社会基础。

CSL

科学素质是公民素质的重要组成部分。

公民具备基本科学素质指了解必要的科学技术知识，掌握基本的科学方法，树立科学思想，崇尚科学精神，

并具有一定的应用它们处理实际问题、参与公共事务的能力。

公民科学素质建设要实现的目标

到*2015*年，公民具备**基本科学素质比例超过5%**

到*2020*年，公民科学素质达到**世界主要发达国家21世纪初的水平**

科普图书公益漂流

当你读完一本好书，想与他人分享，有一种方式是——把它传递出去，这就是"图书漂流"。图书漂流的过程既是知识的分享过程，也是爱心的传递过程。

如果你想和更多的读者分享手中的图书，让爱心一棒棒传递下去，那就快快加入我们的"科普图书公益漂流"计划吧！

登录"微公益，一起来！"网站（WWW.1QILAI.CN）首页，进入"图书公益漂流"版块，注册后即可参与图书漂流活动。

知识，爱心，皆因传递而美丽。用你的行动和更多的读者一起放漂梦想吧！

科普图书公益漂流

知识·爱心
皆因传递而美丽

漂流人：＿＿＿＿＿＿＿＿＿＿＿＿

漂流寄语：＿＿＿＿＿＿＿＿＿＿＿

＿＿＿＿＿＿＿＿＿＿＿

＿＿＿＿＿＿＿＿＿＿＿

＿＿＿＿＿＿＿＿＿＿＿